茶园间作黑麦草
和箭筈豌豆

茶园间作
紫花苜蓿

紫花苜蓿
绿肥基地

上虞有机茶园
绿肥坡

茶园间作黑
麦草作饲料

茶园间作龙爪稷

茶园间作大豆

茶园间作花生

山区传统农业生产
模式(茶豆粮间作)

茶园绿肥作物
土壤覆盖

重修剪茶园
间作茶肥

山区绿肥坡作
茶园绿肥基地

知风草作茶园
山坡护坡草

种茶前种植
先锋作物

修剪枝叶作
土壤覆盖

台刈改造茶园
间作绿肥促进
茶园生长

茶园绿肥作物种植与利用

吴 洵 编著

金 盾 出 版 社

内 容 提 要

本书由中国农业科学院茶叶研究所吴洵研究员编著。内容包括：我国茶园绿肥作物种植的历史和发展，茶园绿肥作物的作用和效果，茶园绿肥作物的种类及分布，茶园绿肥作物选择的依据和栽培技术要点，茶园绿肥作物的利用技术，茶园绿肥作物基地建设及留种技术，我国茶园主要优良绿肥作物品种介绍等知识与技术。全书内容翔实，语言通俗，所介绍的技术先进实用，科学性、实践性和可操作性强。可供各地茶园、茶叶生产专业户、茶叶生产技术人员学习使用，也可供农林院校有关专业师生阅读参考。

图书在版编目(CIP)数据

茶园绿肥作物种植与利用/吴洵编著．—北京：金盾出版社，2009.6

ISBN 978-7-5082-5703-7

Ⅰ．茶…　Ⅱ．吴…　Ⅲ．绿肥作物—栽培　Ⅳ．S55

中国版本图书馆 CIP 数据核字(2009)第 051786 号

金盾出版社出版、总发行

北京太平路 5 号(地铁万寿路站往南)

邮政编码：100036　电话：68214039　83219215

传真：68276683　网址：www.jdcbs.cn

封面印刷：北京 2207 工厂

彩页正文印刷：北京印刷一厂

装订：兴浩装订厂

各地新华书店经销

开本：850×1168 1/32　印张：8　彩页：4　字数：193 千字

2009 年 6 月第 1 版第 1 次印刷

印数：1～10 000 册　定价：14.00 元

前　言

茶园绿肥种植和利用，是我国茶叶生产中传统农业技术的重要措施之一，在我国茶叶生产发展和山区农业结构调整中，曾起到重要作用。由于茶园绿肥具有改良茶园土壤、提高土壤肥力、防止山区水土流失、增加生物多样性、改善茶园生态环境条件，从而提高茶叶产量，改善茶叶品质，提高茶叶生产效益和社会效益等多种优点。即使现在现代农业技术不断发展，茶园绿肥仍具有重要意义。尤其是当前随着茶叶生产能力的不断提高和人们消费观念的不断改变，茶叶生产也向着更深、更广的方向发展。在茶叶生产中，人们更重视茶区环境的保护，茶叶品质的提高和茶叶质量的安全性，因此，生态农业技术和循环农业技术，在茶叶生产中被广泛地采用。茶园绿肥作物能充分利用茶园的空间位和时间位，固定太阳能和空气的中氮，使之转化成生物能和有机物，在茶叶生产系统内进行不断转化、不断循环和反复利用。这是生态农业和循环农业技术最重要的措施之一，在今后茶叶生产的可持续发展中，将会得到进一步的推广应用和发展。但是，茶园绿肥对茶树生长有一定的争光、争水、争肥的负面影响，处理它们之间利弊关系的关键是科学栽培，合理利用。在这方面，我国茶农有丰富的经验，科学工作者也做了不少研究，取得了有效的成果。

本书根据我国广大茶农种植和利用绿肥作物的经验，以及新中国成立后广大科技工作者的研究结果，用一些科技数据和简朴的语言加以综合和表达，阐述了我国茶园绿肥作物的种植历史，品种资源状况，茶园绿肥的作用和效果，以及茶园绿肥作物的种植和利用技术，并介绍了当前我国茶区推广应用较广、效果较好的优良绿肥作物品种的生物学特性、对环境条件的要求，以及种植和利用的具体方法，以供广大读者在茶叶生产实践中选好绿肥作物品种、种好绿肥作物和用好绿肥作物作参考。

在编写本书时，由于时间较紧，收集资料不广，加上笔者水平有限，有许多不妥和错误之处在所难免，敬请读者批评指正。如有机会再版，必定加以纠正。

在编写本书的过程中，得到中国农业科学院茶叶研究所有机茶研究与发展中心等单位和个人的大力支持，并提供许多未曾发表的资料，同时也引录了许多研究工作者已公开发表的资料。在此，对于他们的大力支持和辛勤劳动，深表谢意。

编 著 者

2009 年 2 月

目　录

第一章　我国茶园绿肥作物种植的历史和发展

茶园绿肥作物，是我国茶叶生产中重要的肥料来源，种植绿肥作物，是自力更生解决茶园肥源的一条重要途径。我国茶园间作绿肥作物历史悠久，并积累了丰富的经验。广大茶叶工作者和茶农一向高度重视茶园绿肥作物的种植，并有过多方面的研究，也取得了重要成果。种好茶园绿肥作物，用好茶园绿肥，在今后茶叶生产的可持续发展中，必将发挥重要的作用。

一、茶园绿肥作物的种植历史

种茶，始于我国，至今已有数千年的历史，在茶园管理中积累了一套传统的农艺措施，茶园绿肥作物的种植与利用便是其中之一。早在唐代的《茶经》一书中，就有种茶“法如种瓜，三岁可采”的记载。北魏贾思勰的《齐民要术》一书的种瓜法述：“先卧锄，耧却燥土，然后培坑，大如斗口，纳子三枚，大豆三个，于堆旁向阳处”。可见当时种茶时便与大豆一起间作了。以后唐《四时纂要》又记载了新垦地种茶后“强任生草不得耘……一、二年后方可耘治”，“生草”的目的是“以草护茶”，“以草保土”，“以草肥园”。当时茶园中的“生草”，就是原始的绿肥作物。到了南宋，茶园管理已有较完整的措施，茶园“开畬压青”就是主要内容之一。开畬压青的目的并非只是除草，也是以草肥田的一种施肥技术。据《北苑别录》记载，茶园“草木至夏益盛，故欲导生长之气，以渗雨露之泽……滋蔓之草遏郁之木，悉用除之……此之开畬”。据清人汪继壕注解，茶园“杀去草根，以粪茶根，名曰开畬”。所以过去种茶已有使茶园长草，然后除草，再用以肥茶的做法。

过去，由于我国茶园大部分都分布在山区和半山区的山坡上，种茶的山坡称之为“茶山”。茶山往往山高路远，山道弯窄，交通不便，施用农村的农家肥，由于体积大，运送不便，因此，给茶山茶树施用农家肥的实际并不多，大多都是因地制宜解决肥源问题的。其主要的方法之一就是“七挖金，八挖银”的耕作方法。也就是利用茶园五、六月份生长茂盛的“梅草”，在七、八月份通过深耕深埋，将其翻入土中作肥料。这是当时深耕配合除草、施草肥，提高土壤肥力，以保持茶树正常生长的方法。这方法一直沿用到 20 世纪 60 年代。现在，有些深山老茶园也还在采用。

以后，由于茶叶生产有所发展，茶园面积不断扩大，茶园从山区向近村发展，从高山向低丘和平原地区发展。因此，间作茶园大为增多，其中的间作物主要以粮、菜、饲、肥兼用作物为主，如杂粮、杂豆、菜豆、油菜和薯类等，主要作粮、油、菜和饲料用，用根茬和秸秆作茶园肥料。据王建国调查，在新中国成立前，这类间作茶园在湖南约占 70%以上，茶园基本不施肥，管理也比较粗放。

新中国成立之后，随着茶叶生产的进一步发展，茶园面积不断扩大。为了提高茶叶产量，原来粗放的管理方法已无法适应当时的要求，而施肥是提高茶叶产量的必需措施，但当时茶粮争肥矛盾突出，茶园间作专用绿肥作物解决肥源问题，便成为 20 世纪 50 年代茶叶生产的重要措施。特别是在 1957 年《全国农业发展纲要》中，提出“要因地制宜发展多种绿肥作物”之后，茶园间作绿肥作物便全面展开。1964 年，由中国农业科学院茶叶研究所牵头，各产茶省研究所（站）和主要茶场参加，成立了“全国茶园绿肥试验网”，开展茶园绿肥研究和推广工作。其间举办了多种形式的学习班，印发了多种资料，宣传和推广茶园绿肥，茶园绿肥得到大面积的推广和应用。如浙江的金华和安吉，河南的新县和信阳，广东的英德和浮云，江西的修水和进贤，福建的福安及松溪，湖南的安化和长沙，以及安徽的宣郎广和贵州的羊艾等全国主要产茶县市的大型国有农场新垦幼龄茶园，以及农村一些老式间作茶园等，都成千上万亩茶园推广和种植了各种绿肥作物，从而在很大程度上解决了部分茶园的肥源问题，大大缓解了当时的茶粮争肥矛盾，对当时发展茶叶生产起到了重要的作用。

以后，随着我国化肥工业的发展，茶园中的化肥用量不断增加，尤其是尿素因含氮量高，施用方便，效果好，在茶园中的用量倍增，从而使茶园有机肥施用减少，尤其是茶园绿肥作物种植面积大幅度下降，以至不少地方茶园绿肥被人们所忽视，不少优良茶园绿肥作物品种失传，从而也引发了化肥使茶区污染、茶园土壤有机质减少、土壤板结和地力退化等一系列的负面影响。因此，茶农们又开始怀念起茶园绿肥了。尤其是1988年，国务院发布了国发83号文件《关于重视和加强有机肥料工作的指示》之后，发展绿肥得到国家政府部门的高度重视。该文件中指出，今后要“恢复和发展绿肥生产……要将绿肥作物纳入种植计划，充分利用间作、套种和荒坡、荒山、隙地、茶果桑园、水面等发展绿肥”。从此，茶园绿肥又开始被重视。特别是1990年我国有机茶被开发并成为产业化发展之后，由于有机茶园不允许施用化肥，有机系统外的有机肥受限制施用，绿肥成为有机茶园最重要的肥源之一。因此，有机茶园都广泛推广绿肥作物种植，有的还建立了有机茶园绿肥作物基地，为有机茶可持续发展提供了重要的肥源保证。此外，2001年农业部启动了“无公害食品行动计划”并逐步加以实施，相继农业部又颁发了《无公害食品·茶叶生产技术规程》，把茶园种植绿肥作物，作为茶园肥培管理的重要措施之一。特别是2007年1月中共中央、国务院发布“关于积极发展现代农业扎实推行社会主义新农村建设的若干意见”的1号文件，再次强调今后要“鼓励农民发展绿肥”之后，茶园绿肥作物种植又开始欣欣向荣地发展起来。由于茶园种植绿肥作物具有多种优点，茶园绿肥施用已成为当前茶叶生产可持续发展的重要循环农业技术措施之一，引起业内人士高度重视，并得到进一步的推广应用和发展。

二、茶园绿肥的研究及成果

我国茶园绿肥作物种植历史虽然很悠久，但对茶园绿肥进行有计划的正规研究的历史并不很长。最早从事茶园绿肥作物引种试种研究的，是我国台湾省平镇茶叶试验所。该所在 1915 年从斯里兰卡引入低海拔及中海拔地区种植的茶园绿肥的 Tephrosin condida 种子进行试种，以后又连续向大陆和国外，如日本、美国和法国等引进各种羽扇豆进行试种。该所曾有计划地引种试种茶园绿肥作物约 50 多个品种，其中主要是豆科绿肥作物，有的作覆盖用，有的直接翻埋作肥料用，也有的作堆沤肥后用。从 1947 年开始，对鲁冰豆(*Lupinus* spp)绿肥作物的引种、栽培及利用方法等进行系统研究，并取得显著的试验成果。1949 年种植面积只有几百公顷，而到 1958 年推广面积曾达 9 000 公顷，其中以桃园县种植面积最多，约占茶园种植面积的一半多。此外，台湾省从 20 世纪 50 年代开始，对茶园套种豆科绿肥作物相思树既作遮荫又作绿肥的研究项目，进行了长达 15 年的跟踪调查和研究，明确相思树对提高茶园土壤肥力的作用和对茶叶产量和品质的影响，结果也取得良好的研究成果。现在，台湾茶园套作台湾相思树作遮荫和培肥土壤已较普遍，大陆广东等地也有应用。

我国大陆对绿肥的研究自从 20 世纪 30 年代就已开始。如当时的安徽祁门茶叶改良站、湖南安化茶事试验场、福建福安茶叶改良站及贵州湄坛实验茶场等，都做过茶园绿肥作物的引种工作，但主要只停留在引种、试种试验上，未作肥效和栽培、利用等方面的研究。1941～1942 年，原福建崇安武夷山示范茶厂更名为当时的财政部贸易委员会茶叶研究所后，当时从事茶园土壤肥料工作的王泽农等人，开始布置茶园天然肥料和树叶肥效试验。这是我国大陆第一个茶园绿肥的田间试验。以后因为战乱，试验未能坚持很久。

新中国成立之后，由于茶叶生产迅速发展，茶园肥源问题便突显出来。因此，各产茶省茶叶研究所(站)及有关茶场，纷纷开展茶园绿肥作物引种试验，其中福建省农业科学院茶叶研究所在引种羽扇豆的研究，和在山地茶园梯坎种植护梯绿肥作物的研究中，做出重要成绩。但当时只限于个别产茶地区。我国大规模从事茶园绿肥试验的是从 1964 年经农业部批准成立了“全国绿肥试验网”开始。当时，由中国农业科学院茶叶研究所牵头，由各产茶省茶叶研究所(站)及主要茶场参加，成立了“全国茶园绿肥试验网”，并加入了由中国农业科学院组织的“全国绿肥试验网”中。从此，有组织地启动了全国范围的茶园绿肥研究工作。其间曾组织各参加单位对全国茶园绿肥作物品种资源进行了系统的调查，组织各地因地制宜地进行了引种试验。此外，几种主要绿肥对茶园土壤改良效果，高产栽培，合理利用，绿肥作物与茶树之间争光、争水、争肥矛盾的解决方法，绿肥对茶树生长和产量质量的影响，以及绿肥作物的病虫防治，以磷增氮、根瘤接种等，都进行了试验。“全国茶园绿肥试验网”虽因“文化大革命”而被迫停止，但其中许多研究项目有些单位仍坚持下去，有些试验项目还有所扩大和发展，并取得可喜的成果。如福建省农业科学院茶叶研究所承担的茶园爬地木兰引种试种、高产栽培及利用技术研究，前后坚持 10 多年，取得了重要成果，并进行规模性的扩大应用，对防止福建山地茶园水土流失、提供肥源和促进山区茶叶高产优质的可持续发展，起到十分重要的作用，因此，获得省和国家的科技进步奖。另外，中国农业科学院茶叶研究所从事的茶园夏季绿肥乌豇豆的引种和高产栽培试验，也取得良好的成效，采用速生乌豇豆春、夏两季交叉播种方法，创造了 667 平方米产量达 3 000 多千克的高产纪录，在浙江茶区广泛得到推广应用。同时，还对多种秋播冬季绿肥进行引种和适应性试验，从中筛选出兰花苕子、白花肥田萝卜、红花草子、黄花苜蓿和紫花箭筈豌豆，在不同土壤类型茶园进行推广应用，也取得良好效果，被广大茶农称之为茶园冬季绿肥中的“五朵金花”，得到长江中下、游广大茶区的欢迎。此外，如山东省日照地区在南茶北移过程中，在砂石山上的茶园中间作速生铺地型伏花生，减少茶园水土流失的试验，也取得良好成效，对山东南茶北移起到一定作用。又如陕西利平县示范茶场在茶园间作苕子防止茶树冻害的试验，江西省刘家站红壤试验站持续间作冬、夏绿肥，改良低丘红壤茶园土壤理化性质的试验，广东省农业科学院茶叶研究所茶园间作木豆改土和遮荫效果的试验，云南大理农技站在大叶种茶园间作高秆绿肥作物改土的试验，贵州省农业科学院茶叶研究所茶园绿肥作物根瘤菌接种和施钼肥的试验，广东省农业科学院茶叶研究所和浙江省临海农技站茶园绿肥作物以磷增氮试验等，也都取得重要的试验成果，对推动当地茶园绿肥的种植和利用，以及促进当地茶叶生产发展，都起到良好的作用。

20 世纪 80 年代以后，茶园化肥施用面积进一步扩大，施用数量也大为增加，茶园绿肥受到空前冷落，许多研究和生产单位对茶园绿肥的研究工作因此而停止。尽管如此，但仍有一些生产单位自发地在引种试验，不过规模小，试验强度低。自 90 年代有机茶被开发之后，茶园绿肥的研究工作又得到重视。中国农业科学院茶叶研究所为了促进我国有机茶的生产发展，于 1999 年成立了有机茶研究与发展中心，该中心 2000 年获得德国 GTZ 项目的资助，并与国家环保总局有机食品发展中心合作启动有机茶绿肥作物品种的筛选和利用技术研究，分别同浙江省农业科学院草业中心一起，在浙江余姚陆埠、上虞龙浦、绍兴御茶村、武义九龙山和安徽霍山县等有机茶园，进行有机茶园绿肥作物引种和利用技术研究，对 20 多个绿肥作物品种进行筛选，从此再次起动了我国茶园绿肥研究的热潮，并在建德建立有机茶园绿肥基地。2007 年，该中心又起动复合生态有机茶园区集成技术研究，将茶园绿肥同有机茶园区种、养、沼结合，通过有机茶园绿肥作物的种植，努力提高有机系统对太阳能和空气中氮的固定率与利用率，促进有机系统内能量与物质的不断循环和多次重复利用，确保有机茶生产可持续发展，使茶园绿肥的研究工作，向着循环农业技术的方向发展，并取得良好的进展。

三、茶园绿肥在茶叶生产可持续发展中的作用

茶树是采叶作物，营养生长旺盛，对氮的需求量多，氮肥的增产效果十分明显。因此，化肥氮受到茶农欢迎。但是也付出了惨重的环境代价。一般农家有机肥因含氮低、体积大、效果缓慢等诸多弊端，从而使它在茶园中的用量大为减少，久而久之，造成土壤板结，地力退化，茶叶产量和品质无法进一步提高，茶叶生产可持续发展受到严重挑战，广大茶农希望有一种就地取材、就地施用的生态型天然高氮有机肥，能在山区茶园施用。这种高氮有机肥，优先选择的自然是绿肥，尤其是豆科绿肥。因为豆科绿肥作物能固定空气中的氮，将其转化成有机氮，在土壤中经矿物提供茶树氮源，又能利用茶园空间的阳光，将二氧化碳和水合成有机物，在茶园中转化成土壤有机质。它的根系生长能促使土壤矿物有效化，提高土壤活性，促进茶树对土壤无机物的吸收利用，加速无机有机的循环。茶园豆科作物绿肥营养丰富，一般都可作饲料，它是茶叶生产与养殖业相结合的纽带。因此，茶园间作豆科绿肥作物，是促进茶园生态系统氮素循环的重要环节，也是促进有机、无机物循环的重要环节，更是促进草（绿肥）、畜（禽）、沼、茶循环的重要环节。如果在茶叶生产基地中，按生物学原理合理安排，科学布局，因地

制宜地种植绿肥作物，做到种养结合，可以提高茶叶生产系统内对太阳能和空气中氮素的固定率和利用率，可促进并加速茶叶生产系统内的物质、生物能不断循环及转化和多次重复利用的进程，可以减少生产系统外肥料、能源、燃料及其他材料的投入，从而可使生产能力获得发展，生态环境得到保护，能源和肥料得到再生利用，经济效益得到提高。因此，茶园合理种植绿肥，是茶叶生产中沃土工程的重要内容，也是一项重要的循环农业措施，对于促进和保持茶叶生产可持续发展，具有重要意义。

第二章　茶园绿肥作物的作用和效果

种植与利用茶园绿肥作物，提高茶园经济效益，是我国几千年来茶叶生产传统农业栽培技术中重要的组成部分。它源远流长，广为流传，即使在当前科学技术已有相当程度发展的现代农业生产中，依然占有一席之地。其原因是由于茶园绿肥作物具有多种优越性，以及良好的生态效应和增产提质的效果。

一、对茶园土壤肥力的影响

（一）对提高土壤氮素含量的作用

茶树是采叶作物，营养生长旺盛，需氮量高，因此，高产优质茶园要求土壤全氮量达到 1 克/千克以上，有效氮要求达到 100 毫克/千克以上。提高茶园土壤氮素含量，是茶树高产、优质、高效益栽培的重要措施。施化肥氮虽能达到这一目的，但它溶解快，容易造成土壤养分不平衡，并且流失快、环境污染严重，土壤容易板结等，茶园间作豆科绿肥作物，可以解决这一矛盾。茶园间作豆科绿肥作物，由于它有共生的根瘤菌，可以把空气中的氮通过根瘤菌固定转化为绿肥作物可以利用的有机氮化合物，然后又通过绿肥作物的多种利用方法，转化成为土壤中茶树可以利用的氮。如据江西省刘家站红壤试验站，在新垦幼龄茶园中，连续间作 3 年冬、夏豆科绿肥作物后，土壤全氮含量从原来的 0.41 克/千克，提高到 0.64 克/千克，增加 56%。

但是不同的绿肥作物，由于固氮能力不同，其提高土壤氮的效果差异很大。如据广东省华南农业大学等调查，广东高鹤县村办茶场，新垦幼龄茶园连续5年埋施有广东“夏季绿肥之王”之称的山毛豆，土壤全氮含量达到1.3克/千克，而没有施山毛豆的对照茶园，全氮含量只有0.64克/千克，种植施用山毛豆茶园土壤的全氮含量比对照几乎增加了一倍。另外，绿肥产量不同，对氮的提高也有很大的差异。

据中国农业科学院茶叶研究所有机茶研究与发展中心在浙江上虞龙浦雪大岙有机茶园间作绿肥作物的试验结果，非豆科绿肥虽然产量高，但其氮素是取之于茶园归之于茶园，对土壤全氮含量提高并不明显；而豆科绿肥作物的产量虽然并不很高，但其大部分氮来自根瘤对大气氮的固定，所以对提高茶园土壤全氮的效果较明显（表2-1，表2-2）。由此可见，种植豆科绿肥作物比种植非豆科绿肥作物，土壤含氮量提高快。

一般而言，对豆科绿肥作物来说，固氮能力越强，绿肥作物本身含氮量越高；产量越高的绿肥，对土壤增氮作用也越明显。绿肥作物本身含氮高，但产量不高，对土壤增氮的作用明显降低。而非豆科绿肥作物虽然对土壤全氮的提高并不很明显，但对增加土壤有效性氮却十分明显，并且产量越高对提高土壤有效氮的作用也越显著。所以，茶园无论种植何种绿肥作物，提高绿肥产量，对改善茶园土壤氮素状况，都是十分重要的。

茶园中间作绿肥作物，除了可提高和改善土壤氮素状况外，茶园坎边种植绿肥作物作茶园肥料或茶园土壤覆盖物，对提高和改善茶园土壤含氮量也十分明显。据福建省农业科学院茶叶研究所试验，茶园坎边种植爬地木兰，然后将爬地木兰移到茶园作肥料，经腐烂分解后在0～40厘米的土层内，土壤全氮和有效氮含量也都有增加（表2-3）。所以，在茶园种植绿肥作物，是提高和改善土壤氮素营养状况的重要措施，这对于不能施用化肥氮的有机茶园尤为重要。

表 2-1 茶园春播夏绿肥作物对提高土壤含氮量的作用

绿肥作物名称	苏丹草（禾木科）	黑毛豆（豆科）	伏花生（豆科）	乌豇豆（豆科）	绿　豆（豆科）	饭　豆（豆科）	大绿豆（豆科）	龙爪稷（禾本科）	不间作（对照）
绿肥产量(鲜草)（千克/亩）	4355.1	3155.2	1999.8	2888.6	2133.1	2177.6	3732.9	4044.0	—
绿肥含氮量（克/千克）	21.4	36.4	32.2	34.1	31.5	32.6	30.5	28.4	—
土壤全氮量（克/千克）	1.08	1.74	1.26	1.46	1.36	1.21	1.40	1.05	1.01
土壤有效氮（毫克/千克）	130	174	119	127	122	110	136	121	76

①注：本表内容引自《有机茶园绿肥筛选和推广应用试验工作报告》(2000 年 10 月)

②表中的亩为 667 平方米

表 2-2 茶园秋播冬绿肥作物对提高土壤含氮量的作用

绿肥名称	鸭毛草（禾本科）	红三叶（豆科）	白三叶（豆科）	苜　蓿（豆科）	黑麦草（禾本科）	豌　豆（豆科）	蚕　豆（豆科）	肥田萝卜（十字花科）	紫云英（豆科）	不间作（对照）
绿肥产量(鲜草)（千克/亩）	1086.5	1833.2	1906.5	639.7	2713.1	3446.2	2962.3	4399.6	366.6	—
绿肥全氮量（克/千克）	19.8	28.4	28.0	30.7	20.0	32.0	34.5	27.4	29.1	—
土壤全氮量（克/千克）	0.95	1.08	1.09	1.01	0.98	1.65	1.54	0.94	0.99	0.96
土壤有效氮（毫克/千克）	81	84	96	95	90	188	187	109	61	51

注：①本表内容引自《有机茶园绿肥筛选和推广应用试验工作报告》2002 年 10 月

②表中的亩为 667 平方米

表 2-3 坎边爬地木兰作茶园肥料对提高土壤氮的作用

处理		对照(不施)			埋施爬地木兰		
土壤中氮		全氮*(克/千克)	NH_4-N(毫克/千克)	NO_3-N(毫克/千克)	全氮*(克/千克)	NH_4-N(毫克/千克)	NO_3-N(毫克/千克)
土层深	3~15 厘米	1.0	110	18	1.2	400	20
	35~45 厘米	—	20	11	—	100	19.5

*全氮为 0~20 厘米土层的平均含量

(二)对提高土壤有机质含量的作用

土壤有机质是土壤肥力的重要指标,它与土壤许多农化性质和物理性质都有密切关系。我国茶园类型很多,有机质含量各不相同。如高山茶园的香灰土有机质含量高的可达 50~100 克/千克,而低丘红壤茶园低的只有 5~10 克/千克,相差极大。一般高产优质茶园土壤的有机质含量都很高,提高土壤有机质含量是茶园土壤农化管理的重要任务。绿肥作为有机肥中的一种,能否提高土壤有机质含量一直存有争议。一种意见认为,绿肥尤其是豆科绿肥,埋青之后在土壤中能很快分解,尤其是在茶园土壤中因气温高,雨水多,通气条件好,绿肥分解速度快,由于分解过程的微生物繁殖和生长,从而也会引起土壤原来原有的有机质被分解。特别是豆科绿肥作物由于 C/N 率低,在分解过程中势必要分解土壤中原有的有机质作为微生物生长的碳原,因此豆科绿肥作物埋青会引起土壤“有机质库源”的消耗。人们称这种现象是绿肥埋青所引起土壤有机质分解的“激发效应”,认为依靠绿肥作物埋青来提高茶园土壤有机质是不可能的,相反会引起负反应。另一种意见认为,绿肥作物埋青有机物质多,分解虽可能会引起原有机质的分解,但新的有机质逐步形成可代替原来的有机质,是一种新陈代谢作用。这种更换和代谢,有利于土壤肥力的发展。另外,绿肥作物埋青有机物数量多，虽引起一些原有机质的分解，但两者相比，埋青加入土壤的有机物数量，远远超过分解原有机质减少的数量。不管何种绿肥作物埋青，都可以增加土壤有机质的含量，绿肥作物埋青作肥料和增施其他有机肥的作用是一样的。

在 20 世纪 60 年代，从“全国茶园绿肥试验网”的试验资料来看，几乎所有资料都可证明，茶园绿肥作物埋青是完全可以提高茶园土壤有机质含量的。如据江西省刘家站红壤试验站的试验，在新垦低丘红壤茶园中，间作 3 年冬夏绿肥之后，土壤有机质含量为 11.30 克/千克，而不间作的只有 5.19 克/千克，间作的比不间作的提高一倍多。又据安徽省农业科学院茶叶研究所在皖南山地茶园试验，茶园行际间作泥豆压青后，土壤有机质含量比没有泥豆压青的提高 0.6 克/千克。又据中国农业科学院茶叶研究所在幼龄茶园间作夏季绿肥作物乌豇豆，3 年后土壤有机质含量比不间作的提高 33.67%；间作冬季绿肥作物箭筈豌豆 3 年后，土壤有机质比不间作的提高 7.24%。再如据福建省农业科学院茶叶研究所在未封行的幼龄茶园中压青爬地木兰，6 年后土壤有机质比不压青的提高 30.1%。据广东省华南农业大学对高鹤县茶园埋施山毛豆的调查，新垦幼龄茶园施埋山毛豆 5 年后，土壤有机质含量从原来的 6.9 克/千克，增加到 16.3 克/千克，提高 1 倍多。为了进一步研究和证实不同绿肥作物在茶园中对提高土壤有机质含量的作用，2001 年中国农业科学院茶叶研究所在浙江上虞龙浦雪大岙有机茶园中，在没有施用任何化肥的情况下，进行不同绿肥作物的比较试验（表 2-4，表 2-5，表 2-6），结果同样表明，不管是豆科绿肥作物，还是非豆科绿肥作物，压青后都能提高土壤有机质含量。同一种绿肥对提高土壤有机质的效果与埋青的数量有关，数量越多对提高土壤有机质的效果也越好。对同等数量的不同绿肥作物进行比较，结果表明，禾本科绿肥作物的比十字科绿肥的要好，比豆科绿肥的更好。如果采用豆科和禾本科或十字花科绿肥作物混播,则可以取长补短,既发挥非豆科绿肥作物对提高土壤有机质的作用,又可发挥豆科绿肥作物对提高土壤含氮量的优势,优势互补可以更好地提高茶园绿肥改土的作用。

表 2-4　不同冬季绿肥作物埋青后对提高茶园土壤有机质含量的效果＊（王水军等）

处　理	蚕　豆	白三叶	黑麦草	肥田萝卜	鸭毛草	豌　豆	不间作
土壤有机质（克/千克）	11.5	12.4	14.3	13.6	15.4	11.2	10.4

＊每667平方米(1亩)埋1000千克青草,一年后测定0～20厘米土层的有机质含量

表 2-5　不同夏季绿肥作物埋青后对提高茶园土壤有机质含量的效果＊（张优等）

处　理	苏丹草	黑毛豆	乌豇豆	龙爪稷	伏花生	不间作（对照）
土壤有机质（克/千克）	17.6	15.6	15.4	18.6	14.2	12.5

＊每667平方米(1亩)埋1500千克青草,一年后测定0～20厘米土层有机质含量

表 2-6　绿肥作物埋青数量对土壤有机质含量的影响＊（王水军等）

处　理	乌豇豆（千克/亩）＊＊				白三叶草（千克/亩）＊			
	0	500	1000	2000	0	500	1000	2000
土壤有机质（克/千克）	11.5	11.7	12.5	12.9	10.4	10.9	11.5	11.9
处　理	龙爪稷（千克/亩）＊＊				肥田萝卜（千克/亩）＊＊			
	0	500	1000	2000	0	500	1000	2000
土壤有机质（克/千克）	11.5	13.1	13.9	14.9	10.4	12.9	13.5	14.8

＊埋青后12个月取土,0～20厘米土层有机质含量

＊＊表中的亩为667平方米

（三）对土壤矿物质有效化的影响

土壤矿物颗粒是土壤固相的主要组成部分，也是土壤的“骨架”。不同粒径的矿物颗粒中，含有很多茶树生长所必需的矿物营养元素。因此，它也是茶园土壤的“营养库”。但在这一“营养库”中的养分元素，大多都是与其他元素化合形成复杂的大分子化合物，不能溶于水，无法被茶树所吸收和利用；只有风化分解之后，形成可溶性的离子态和土壤胶体所吸附态，才能被茶树所吸收和利用。矿物颗粒中养分的有效化过程，也是土壤熟化过程，是土壤肥力的重要指标。

茶园种植绿肥作物之后，由于绿肥根系庞大，伸展深广，吸收能力强，在根系生长和活动过程中为了吸收养分，会分泌出各种有机酸、酶等物质。这些物质能与矿物发生作用，使其风化和降解，逐步释放出有效养分，使其有效化。另外，绿肥作物根系生长活动所释放出来的有机物，能活化和激化根际微生物的活性，微生物的活动也能使矿物营养物质释放并有效化，尤其是根际的一些磷细菌、钾细菌及其他硅酸盐细菌等，能使矿物中的磷、钾、镁、锌等不断被细菌吸收，从而使它转为有效化。此外，有些绿肥作物，如三叶草等，其根能与某些内生真菌共生，内生菌根能向土壤释放出磷酸酶及相关物质，促进绿肥作物根系对矿物中的磷、锌、镁等元素的吸收，从而使土壤矿物中的磷、锌、镁转为有效化。

但最重要的是，绿肥作物在生长过程中，由于庞大的根系向土壤深广方向吸收养分，富集在绿肥作物的生物体内形成有机物，当埋青后绿肥生物有机体腐解，大大丰富了土壤表层和根层的矿物质养分。同时，在绿肥腐解过程中，由于微生物的繁衍和生长，又进一步使结合态的矿物养分风化，而转化为茶树可利用吸收态的养分。据我国台湾省茶叶改良场在20世纪60～70年代的研究，茶园中间作豆科相思树作遮荫的同时，落叶也是茶园中的绿肥；间作相思树10～15年,茶园土壤中的有效磷比不间作的增加66%～200%。另外,据60年代我国茶园绿肥试验网的试验资料,幼龄茶园间作绿肥作物之后,土壤有效磷一般可提高5%～85%,有效钾可提高15%～40%。2005年,福建省武夷山市土肥站在新垦幼龄茶园中套种百喜草、决明豆和平托花生之后,大大促进了新垦茶园土壤的熟化程度,从而使土壤中有效磷、钾明显增加(表2-7),也是一个实例。

表2-7 新垦幼龄茶园间作绿肥作物对土壤有效磷、钾含量的影响 (祝金虹)

处理	百喜草	圆叶决明豆	羽叶决明豆	平托花生	不间作
有效磷(P)(毫克/千克)	55.32	23.46	25.43	19.32	10.4
有效钾(K)(毫克/千克)	27.38	53.23	50.02	51.02	27.00

此外,据中国农业科学院茶叶研究所有机茶研究与发展中心,在余姚和上虞新垦幼龄有机茶园中不施用任何化肥的情况下,间作豆科、禾本科和十字花科绿肥作物,由于绿肥作物的生长和埋青后的分解,大大促进了土壤的熟化进程,土壤中有效磷、钾、镁、锌等元素的含量都明显提高(表2-8,表2-9)。

表2-8 新垦幼龄有机茶园间作春播夏绿肥作物后对土壤矿物有效元素的影响

处理	苏丹草	黑毛豆	伏花生	乌豇豆	龙爪稷	不间作
有效磷(P)(毫克/千克)	39	49	30	29	37	18
有效钾(K)(毫克/千克)	130	140	137	136	129	80

续表 2-8

处　理	苏丹草	黑毛豆	伏花生	乌豇豆	龙爪稷	不间作
有效镁(Mg)（毫克/千克）	83	70	60	56	82	41
有效锌(Zn)（毫克/千克）	2.5	2.7	2.0	2.2	2.3	1.5

表 2-9　新垦幼龄有机茶园间作秋播冬绿肥作物后对土壤矿物元素有效化的影响

处　理	黑麦草	白三叶草	肥田萝卜	不间作
有效磷(P)（毫克/千克）	31	19	32	16
有效钾(K)（毫克/千克）	91	80	110	75
有效镁(Mg)（毫克/千克）	74	64	78	51
有效锌(Zn)（毫克/千克）	1.5	1.8	1.6	0.9

所以茶园间作豆科或其他科的绿肥作物，可促进土壤矿物营养的有效化，是加速土壤熟化进程的重要措施。但必须指出，这种有效养分的增加，会促进“营养库”库源物质的消耗，这与豆科绿肥作物增加氮素营养是不一样的。所以，茶园间作绿肥作物后，适当补磷、补钾仍是十分必要的，也是十分重要的措施。否则，会加速土壤养分资源的流失和消耗，不利于茶叶生产的可持续发展。

（四）对土壤生物活性的影响

土壤生物活性强度，是土壤肥力的另一个重要指标。它与土壤动物、植物、微生物活动和有机质、酶含量等有关。茶园土壤都为酸性土,有机质含量低,尤其是新垦的幼龄茶园土壤生物量少,土壤生物活性强度低。

据笔者对茶园土和菜园土的土壤呼吸强度、蚯蚓数量等测定结果,茶园土的土壤呼吸强度和蚯蚓数量,都明显比菜园土低和少(表 2-10)。因此,提高茶园土壤的生物活力,是茶园土壤管理的重要任务。

表 2-10 茶园与菜园的土壤活性比较

项 目	菜园土(中茶所菜园地)	茶园土		
		中茶所十八亩	中茶所云栖高地	中茶所品种园
土壤呼吸强度*(0.1M NaOH 毫升)	24.5	10.2	4.5	5.9
土壤纤维分解速度**(%)	74.5	51.4	32.6	35.4
土壤蚯蚓数(条/$0.027m^3$)	17	6	0	2

*氢氧化钠吸收 CO_2 法;**埋布法

茶园绿肥作物对土壤生物活性的影响是多方面的。首先,由于绿肥作物根系生长的机械作用,可使土壤疏松,增强通气强度,有利于土壤生物生长,从而可增加土壤生物活力。

其次,绿肥作物根系在生长活动和吸收过程中所分泌的各种有机物,为绿肥作物根际微生物的生长提供养分,从而使绿肥作物根际微生物大为增加。据原北京农业大学早期研究,无论是禾本科绿肥作物,还是豆科绿肥作物,其根际微生物的数量都比根际外土壤中的要多得多,而且豆科绿肥作物根际土壤中的微生物比禾本科的更多(表 2-11)。

表 2-11　不同绿肥作物根际和根际外细菌数量

绿肥品种	三叶草	燕麦草	饭豆	䅟子	紫花苜蓿	黑麦草
根际土菌数（万个/克）	2100	780	2260	127.3	710000	420000
根外土菌数（万个/克）	40	27	226	56.2	6000	4700

* 表中内容引自《土壤微生物学》

这些微生物中有硫细菌、钾细菌和磷细菌，还有能刺激作物根系生长和豆科植物结瘤的假单孢菌属菌，这些菌种的活动和数量的增加，都可影响土壤生物的活性强度。

绿肥作物埋青或土壤覆盖后，当它腐解时可产生大量的多种有机物质，不但能促进土壤微生物的繁衍，同时也能为土壤蚯蚓提供饲料，促进蚯蚓的大量生长。而土壤中的蚯蚓可促进茶园土壤中枯枝落叶的降解和有机质的分解及矿化，可加速土壤物质的转化和循环利用。它的活动可疏松土壤，增加土壤的通气性，改善土壤物理性质。蚯蚓的粪便可增加土壤有机质含量，蚯蚓的残体是高级动物蛋白质，可提高土壤有机氮含量。所以，蚯蚓的活动和生长是土壤生物活性的重要表现，也是土壤生态条件的重要指标之一。有许多土壤学家和生态学家，都把土壤中的蚯蚓数量和种群作为诊断土壤肥力的重要指标之一。有些有机农业认证机构也把土壤中的蚯蚓数量作为有机农业认证的重要依据。茶园土壤有机质少，生物活性强度低，蚯蚓数量少，提高茶园土壤蚯蚓数量是茶园土壤管理的重要任务之一。而据中国科学院亚热带农业生态研究所对亚热带丘陵地区“福云早”幼龄茶园间作白三叶草后，从2002～2005年的跟踪调查结果表明，在茶园间作白三叶草的不同期间，无论是蚯蚓的种群数或是生物量，都发生了明显的变化。其中蚯蚓的密度和数量，间作白三叶草的比不间作的清耕地要高而多(图 2-1)。而且,除降雨丰富的 3～5 月份外,其他季节不间作的清耕地茶园都没有找到蚯蚓种群,而间作白三叶草的茶园却发现有一定数量的蚯蚓种群。这说明茶园间作白三叶草之后,大大改善了土壤生态环境,而在对蚯蚓种群生长不利的季节,也能使它们得到生长。

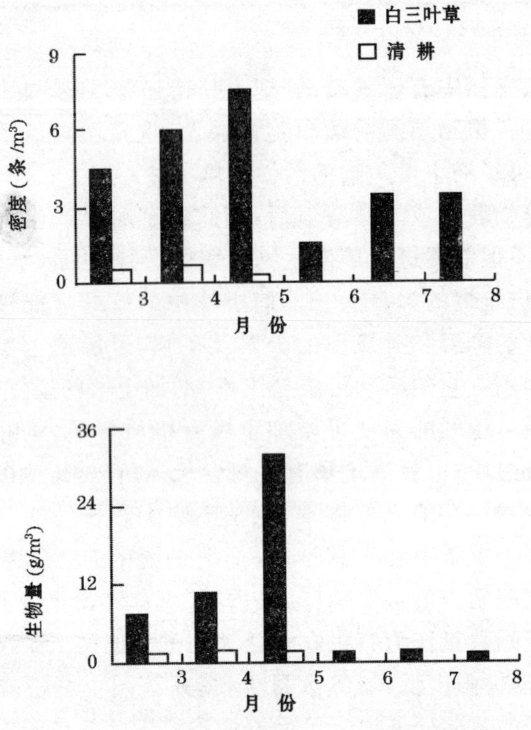

图 2-1 幼龄茶园间作白三叶草和清耕地两种处理的蚯蚓密度和生物量

(2005 年 3～8 月份)(宋同清等)

(五)对改善土壤通气条件的作用

土壤的通气性,是茶园土壤重要物理性质之一。它不仅直接影响土壤的耕作性能,同时也直接影响茶树根系的生长,而且对土壤的多种性质都会产生直接或间接的影响。如土壤水分含量,微生物生长及温度变化等都与土壤通气性有关。茶园间作绿肥作物,对土壤通气性的影响是多方面的。首先,绿肥作物根系生长能力强而庞大,它的生长活动可在较紧实的土体内穿梭,由于生长的机械作用而可使土壤变得疏松;其次,在根系腐烂后,有机物被微生物分解后,可留下原根系生长的空间,从而增加了土壤孔隙度,有利于土壤通透性的改善,促进土壤空气与大气的交换;其三,由于绿肥作物埋青和根系的分解都可提高土壤的有机质含量,改善土壤胶体物理性质和提高水稳性团粒结构的含量,这也能改善土壤通气性。因此,茶园间作绿肥作物之后,一般都能明显改善土壤的物理性质。据笔者在浙江兰溪低丘红壤幼龄茶园中间作肥田萝卜试验,当地茶农称低丘红壤为“黄筋泥”,它的物理性质是“天晴一把刀,天雨一团糟”,耕性很差。没有间作绿肥的幼龄茶园,0～25 厘米土层的土壤容重平均为 1.35 克/厘米^3,孔隙度为 48.85%;而间作肥田萝卜的茶园土壤容重降为 1.20 克/厘米^3,孔隙度增加到 54.05%。又据宋同清等在湖南长沙对花岗岩风化的红壤幼龄茶园间作白三叶草作土壤覆盖物的研究结果,当幼龄茶园间作白三叶草之后,土壤容重从原来不间作的 1.31 克/厘米^{3}降为 1.27 克/厘米^3,土壤孔隙度从原来不间作的 49.87%增加到 52.06%。此外,中国农业科学院茶叶研究所在杭州和嵊州对幼龄茶园间作春播夏绿肥作物乌豇豆和秋播冬绿肥作物箭筈豌豆试验,从 1 龄至 3 龄连续间作三年绿肥作物,并连续埋青利用,结果不间作乌豇豆的茶园在 0～30 厘米土层,土壤容重平均为 1.29 克/厘米^3,孔隙度平均为 50.95%,而间作乌豇豆的土壤容重降为

1.15 克/厘米^3，孔隙度升为 54.04%。不间作箭筈豌豆的，土壤容重为 1.31 克/厘米^3，孔隙度为 51.05%；而间作箭筈豌豆的土壤容重降为 1.20 克/厘米^3，孔隙度提高到 55.01%。所以，各地茶园对各种绿肥试验结果都表明，茶园间作绿肥，无论是采用作埋青或作土壤覆盖物，绿肥的生长和腐解在一定的程度上都能增加土壤孔隙度，提高土壤通气性，改善土壤生态环境，有利于茶树根系的生长。

二、对茶园水土保持的作用

我国茶园大部分都分布在雨水充沛、暴雨率高的山区和半山区，茶园水土流失一直都比较严重。据福建省茶叶研究所对该省茶园水土流失问题所作的调查，全省约 66.1%茶园都有不同程度的水土流失问题，其水土流失危害程度居全省各农作物种植地之首。不仅福建省如此，安徽省茶园的水土流失也较严重。据段建真的调查，全省茶园水土流失量达 400～670 吨/年。水土流失较严重的都是幼龄茶园、土壤裸露程度较高的衰老茶园和密度较稀的老式丛栽的茶园。而这些茶园都是可以间作绿肥作物的好地方。茶园间作绿肥作物对水土保持的作用是多方面的，主要是增加土壤覆盖度，减少地表径流速度，防止茶园面蚀。梯边种植绿肥作物可保坎护梯，防止梯坎倒塌而造成梯蚀等。

（一）茶园绿肥作物可减小地表径流速度

我国无公害茶和有机茶生产技术规程都规定，在坡度角为 15°以下的坡地，可以采用等高种植方式，开垦成坡地茶园。而坡地茶园地表径流，会随坡向流动，从而造成茶园面蚀，这是坡地茶园水土流失的重要原因之一。据笔者在浙江省绍兴上旺调查，日降水量为 54.4 毫米，坡度角为 12.4°的 2 年生幼龄茶园，地表径流速度达16.1厘米/秒，土壤日冲刷量达764.4千克/667平方米，坡度角增加到17.4°时，地表径流速度提高到29.4厘米/秒，土壤日冲刷量达3 000.5千克/667平方米。但是如果间作了柽麻，即使在柽麻被台刈作饲料，而只留有根茬的情况下，坡度角为12.4°的坡地茶园，地表径流速度减少到7.4厘米/秒，土壤日冲刷量只有106.4千克/667平方米，而17.4°坡度角的坡地茶园，这种趋势表现得更为明显，地表径流速度只有12.3厘米/秒，日土壤冲刷量减少到只有946.5千克/667平方米，效果十分显著，表明坡地茶园间作绿肥作物之后，即使绿肥作物被刈割移作他用，其所留根茬因既能固土，又能提高阻挡地表径流冲刷的能力，所以对防止水土流失具有良好的作用。如据杭州茶叶试验场的试验，在坡度角仅为3°的坡地幼龄茶园，因空间大，水土流失也十分严重。但间作花生和燕麦之后，水土流失量几乎只有原来的1/3。安徽省祁门茶叶研究所的试验也有同样的结果，在坡度角为5°～10°的坡地一年生幼龄茶园，日降雨量为20～40毫米时，其土壤冲刷量约达260千克/667平方米·小时。而间作绿肥区的，其土壤冲刷量只有47.5千克/667平方米·小时。所以，坡地幼龄茶园间作绿肥，是防止水土流失的最重要措施之一。

(二)茶园绿肥作物可减少雨水对土壤的冲击

造成茶园水土流失的原因很多，除了地表径流外，雨水对土壤表面的打击，破坏土壤结构，也能造成水土流失。而茶园绿肥作物可减少雨水对茶园土壤表面的冲击，从而起到保护土壤结构的作用。因为茶园表土一般有机质含量比较高，水稳性团粒结构较多，不易被地表径流所冲走，但在雨水的打击下，结构被破坏，尤其是在暴雨的打击下，大颗粒变成小颗粒，小颗粒变成微颗粒，微颗粒被打成泥浆，小小的径流都可把泥浆冲下山。但是茶园间作绿肥之后，行间覆盖度增加，可避免雨水对土壤直接的冲打，保护土壤表层结构，防止土壤团粒被打碎，从而起到防止大量土壤被冲刷的作用。但是，不同绿肥品种由于它的株型不同，对土壤保护的作用便也不同。一般地讲高秆型绿肥作物对防止雨水冲打土壤的效果比矮秆型的要差，最好的是爬地生长的匍匐型绿肥作用，如伏花生、百喜草和白三叶草等。它们爬地生长，节节生根，在良好的种植方式和栽培条件下，可在茶园行间形成一层土壤保护层，相当于茶园土壤盖草的作用，其保土保水效果是最好的。

（三）茶园绿肥作物可减少茶园坡面径流量

坡地茶园水土流失的发生，与茶园土壤渗水速度有关，降水量大，雨水来不及被土壤吸收向土层深层下渗，在地表滞留之后就会沿坡向流走，从而也带走了表土。茶园间作绿肥作物之后，由于根系的活动和生长可疏松土层，降低土壤容重，增加土壤的孔隙度，提高土层的通透性，雨水可沿土壤孔隙向土层深层渗透，提高土壤的渗水强度和速度，地表滞留水量减少，地表径流速度和流量自然会减少，这样土壤的冲刷和流失也会减少。

许多资料表明，在非特殊干旱的一般情况下，茶园间作绿肥之后，不同深度的含水量都是增加的。据福建省武夷山市土肥站在新垦坡地茶园中间种绿肥作物的试验结果，在 8 月 19～20 日下了两天阵雨之后，在 0～20 厘米深的土层内，种百喜草的茶园，土壤含水量为 33.78%～34.13%，种决明豆的为 32.26%～33.22%，而不间作的只有 30.63%～31.24%。种绿肥的茶园，雨后土层含水率明显高于不间作的露地茶园。这不完全是土壤表层被绿肥作物覆盖减少土壤蒸发的效果，而是种绿肥作物之后，提高了土壤渗水量，增加了土层蓄水容量。正因为如此，绿肥与茶树之间的争水矛盾大为减少。所以，从表面上看，茶园间作绿肥之后，茶树要耗水，绿肥也要耗水，从而使土壤含水率减少；但实际上，生产中这种现象并不很多。只有在久旱不雨，天气又热，而栽培措施不力，管理不得当的情况下，才会发生。

（四）茶园绿肥作物可防止梯塌坎蚀

按我国无公害茶和有机茶种植规范要求，在坡度角达到15°以上时，要建水平梯田，以防止水土流失。但无论是石坎梯田和草皮坎梯田，或是泥坎梯田，护梯保坎是山地茶园最重要的土壤管理任务。否则，梯坎经日晒、雨打、霜冻的作用，经常会倒塌，从而造成茶园水土流失。据福建省农业科学院茶叶研究所对福建茶园的调查，该省梯级茶园占90%以上，梯级茶园梯蚀现象是十分严重的。在不进行任何保护的情况下，每年水土流失发生30多起，每667平方米表土流失量平均达950多千克，梯壁内迁平均达1.2厘米。这样就会使土层变薄，梯面变窄，久而久之，茶根暴露在梯坎上，不仅茶树生长失去生机，丧失生产能力，而且给山区生态造成严重的不良影响。

梯田茶园，梯边和坎边种上护边草，如知风草、爬地木兰、白三叶草、黄花耳草等匍匐型绿肥作物，或紫穗槐、木豆、胡枝子、金光菊等多年生的木本和草本植物，由于它们根系发达，根根相连，盘根错节，可把土壤紧紧抓着，固土能力很强，因此可把梯坎的土壤固定住，不让雨水冲走。而且，由于护边草的生长，可以防止暴雨的雨滴对梯坎的冲击，也能起到护梯的作用。另外，护边草的生长又能改善茶园生态，缓和气温变化对梯坎的物理影响，也能起到防止梯坎崩塌和倒梯现象的发生。

总之，茶园梯边、坎边、沟边种植绿肥作物好处很多，已成为防止山地茶园水土流失的重要措施之一。如据福建省农业科学院茶叶研究所对茶园坎边种植爬地木兰的长期研究结果，由于梯壁上种了爬地木兰之后，它呈匍匐状生长，扎根深，覆盖面宽，侧根多，节节生根，固土能力强，起到了良好的保土护梯作用。据测定，每小时降雨 3 毫米时，种有爬地木兰的梯层，径流速度为每秒钟 0.34 米，而没有种爬地木兰的茶园每秒达 0.53 米。种爬地木兰之后雨水径流量每分钟只有 100.1 千克，而没有种爬地木兰的茶园达 127.5 千克。9～10 月份土壤冲失量为：种爬地木兰的只有 168.9 千克/667 平方米；而没有种爬地木兰的高达 468.2 千克/667 平方米，是爬地木兰区的 3 倍多。可见茶园梯边种绿肥，是防止山地梯级茶园护梯保坎、防止水土流失的最好方法之一。

三、对茶园小气候的影响

茶树是喜温和、喜湿润、喜漫射光的多年生常绿作物，高温、强光、干旱和低温等，都会给茶树生长带来不良影响。在茶园管理中如何造成适宜茶树生长的小气候条件，是茶树栽培的主要任务之一。因此，茶园间作绿肥作物之后所形成的茶园小气候条件的变化，引起众多茶叶工作者的普遍关注。自从 20 世纪 60 年代以后，全国茶园绿肥试验网也好，各研究、教学和生产等单位也好，都进行多方面的研究，并取得了可喜的结果。但由于绿肥作物品种众多，茶园类型不一，各地气候条件差异较大，各种绿肥作物对不同地区茶园小气候条件的影响，也有很大的不同。

（一）高秆绿肥作物对茶园小气候的影响

无论是幼龄茶园、台刈改造茶园，或是稀疏的老茶园，原来行间空间大、通风透光，间作高秆绿肥之后，由于高秆绿肥株型大，株体高，对茶园小气候条件的影响首先表现是遮荫。因此，它一般都被气温高、直射光强地区选作幼龄茶园遮荫绿肥作物来利用，发挥其改善茶园小气候条件的作用。

据原安徽劳动大学茶叶系调查，在皖南低丘陵地区，因当地生态条件差，幼龄茶园尤其是 1～2 年生幼龄茶园，其小苗安全越夏是个大问题，特别是在7～8月份的伏天期间，高温、干旱、强直射光三位一体的危害，使茶苗大批死亡，大大妨碍茶苗的成活率。当地曾选用多种绿肥作物间作，其中有成功的，也有失败的。他们科学地引种了原在海涂上种植的高秆绿肥作物田菁，作为幼龄茶园的遮荫绿肥作物，试种结果取得良好成效。幼龄茶园间作田菁之后，可改善当时高温、干旱和强光照射不良生态环境，从而使茶苗安全越夏。据测定，4月份播种，到8月份时田菁可长到2米左右高，根深50～70厘米，当时茶苗小，苗高只有18～28厘米，根深只有5～15厘米。高大的田菁为茶苗形成自然的保护伞。不但没有与茶苗发生“争光、争水、争肥”现象，反而为茶苗生长创造了良好的生长条件。据测定，田菁间作区7～9月份的光照强度，比对照减弱50%～60%，中午前后的气温可降低2℃～4℃，空气相对湿度可提高4%～6%，对防止茶苗灼伤起到了良好的作用。由于田菁与茶苗的根层不在一个深度，因而没有争水、争肥的矛盾；相反，在7月中旬田菁已长到160～180厘米高时，可以在离地40～50厘米处进行刈割，用作土壤覆盖物，使0～10厘米深处土层内的水分含量，比对照提高6%左右，20～30厘米深处的土层含水率提高2%左右，最高地温从49℃下降到42℃，明显改善了高温、干旱和灼热的不良生态环境条件，大大促进了茶苗的生长。

在低丘红壤地区幼龄茶园改善茶园，小气候的间作高秆绿肥作物，不只限于田菁，其他的高秆绿肥作物也有类似的效果。据原安徽农学院茶叶系的研究，皖南低丘陵地区幼龄茶园间作高秆绿肥作物柽麻之后，在干旱、灼热天气，也有降低气温，提高空气相对湿度，降低田间和表土温度，保护茶苗安全越夏的作用（图2-2，图2-3，图2-4）。

在我国华南产茶区，气温更高，太阳直射光更强，夏天茶苗灼伤而死亡成为影响茶苗成活的大问题，而幼龄茶园间作高秆绿肥作物木豆，是保护茶苗安全越夏的好方法。据广东省农业科学院

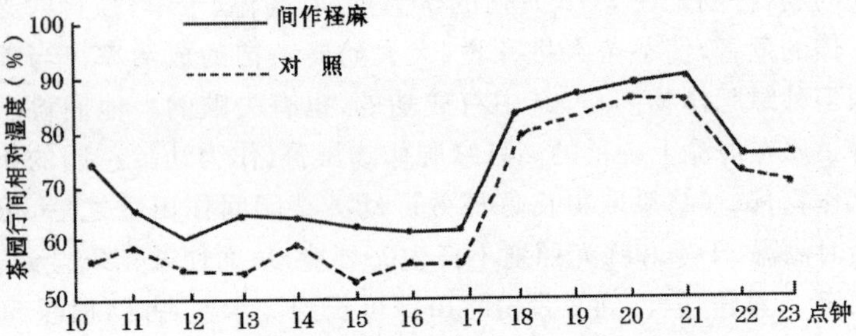

图 2-2　幼龄茶园间作柽麻对茶园行间相对湿度的影响

（安徽农学院茶叶系）

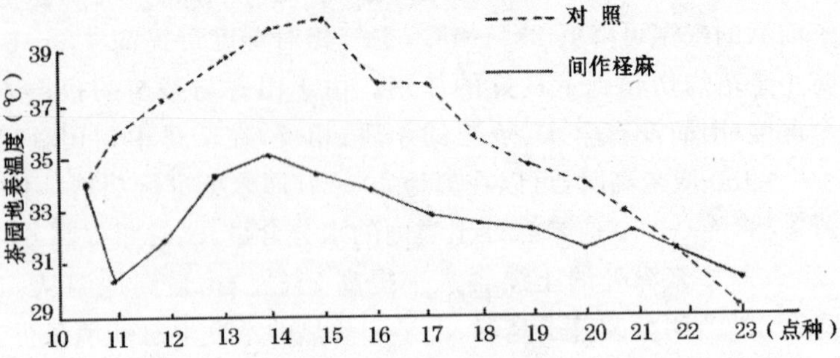

图 2-3　幼龄茶园行间间作柽麻对表土温度的影响

（安徽农学院茶叶系）

茶叶研究所研究，当 1～2 年生幼龄茶园间作木豆之后，在 7～9 月份的高温季节，最高温度比不间作下降 10℃～15℃，茶苗灼伤率大为减少，茶苗成活率与对照相比，从 57.1%提高到 76.9%。

高秆绿肥作物能改善茶园小气候条件的主要原因，是遮荫的结果。如果一些 2～3 年生或 3～4 年生茶苗根系发展，深度加大，分枝增多，茶园行间空间缩小，茶树抗性增强，则无须对它进行遮荫保护。因此，高秆绿肥作物已不适宜，会造成不良效果。它与茶

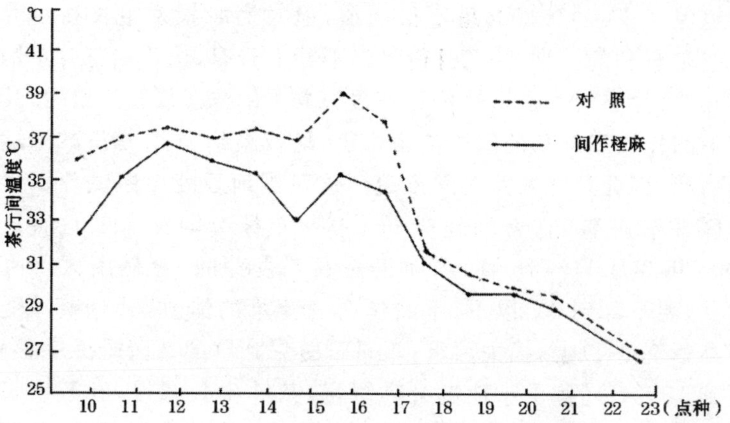

图 2-4　幼龄茶园间作柽麻对田间气温的影响

（安徽农学院茶叶系）

树争水、争光、争肥的矛盾日益突出，所以要另选其他绿肥作物，以便创造良好的生态条件，促进茶树生长。

（二）匍匐型绿肥作物对茶园小气候的影响

匍匐型绿肥作物对茶园小气候的影响，与高秆绿肥作物是完全不同的，因它没有遮荫的作用，所以它对茶园空气温、湿度的影响，比高秆绿肥作物小得多，而对土壤温、湿度的影响，比高秆绿肥作物要明显而复杂。如据中国科学院亚热带农业生态研究所等单位在山区丘陵地带，采用匍匐型多年绿肥作物白三叶草，在花岗岩母质风化的红壤幼龄茶园中间作，进行茶园生草栽培的研究，由于白三叶草呈爬地型生长，在幼龄茶园中间作后，对太阳能的吸收和对土壤热量传导都有较大的影响。如在当地条件下，12 月至翌年 3 月份，茶树处于越冬休眠，但根系仍在活动和生长，并吸收养分进行物质的积累，而白三叶草对土壤有一定的保温作用，一般可提高地温 0.1℃～0.3℃，虽不很明显，但对当时根系生长和对养分吸收是有利的。到 3～7 月份气温不断上升时，由于白三叶草铺地生长，可使空气对土壤热传导速度减慢，土壤地温上升减缓，其间与不间作白三叶草的清耕茶园相比，呈减温趋势，7 月份减温达到最高峰，因此茶叶发芽时间推迟。这对当地丘陵山区倒春寒多发地区并非坏事，它有利地避开了 3～4 月份倒春寒的危害。如 2005 年 3 月 11～13 日，当地正是春茶发芽时，突然山区普降大雪，气温下降到 0℃以下，不间作白三叶草的清耕茶园，茶芽受冻率高达 90％以上，损失惨重；而间作白三叶草的茶园受冻率很轻，不到 10％，而且，由于地温升高缓慢，茶叶生长减慢，春茶生长高峰不明显，茶芽逐步萌发和生长，有利于名优茶生产，也有利于采茶劳力安排。但是，当 8～11 月份山区气温趋向下降时，白三叶草却起到保温作用，地温下降缓慢，低温时间推迟 8 天。而且间作白三叶草茶园地表最高温度比清耕茶园滞后出现近 1 个月，高温持续时间也缩短了 5 天左右。这表明，幼龄茶园间作匍匐型绿肥作物，在茶树地上部生长期间(4～11 月份)，绿肥作物不仅具有升温时降温和降温时保温的双向调控作用，防止土壤温度过激变化，保持土壤热变化平稳，有利于茶树生长和根系对养分的吸收，而且可以有效地延缓土壤高温和低温出现时间，缩短最高和最低温度的天数，减少茶树受高温和低温的危害，有利于茶叶高产和优质。

对于土壤湿度的影响，茶园匍匐绿肥作物与高秆绿肥作物也有所不同。据对幼龄茶园间作白三叶草处理长达连续 13 个月的定期观测，在 60 厘米土层内全年平均含水率情况是：间作白三叶草区为 18.6％，不间作的清耕区为 18.0％，差异并不大；但在 4～6 月份茶树生长关键时期，清耕区只有 17.71％，而白三叶草区却为 19.76％，其增幅为 2.05％。这就说明，在 0～60 厘米深土层内的含水率，茶园间作白三叶草的比不间作的提高了 11.58％，并且在 0～20 厘米深茶苗根层的水分含有率，间作白三叶草的比不间作的提高7.14%。相反，在20厘米以下的土层含水率下降了7.14%～8.14%。这说明，茶园间作白三叶草之后，增加了茶苗生长关键时期和关键土层的水分含量，使水分能从深层向表层移动，保持根层的土壤墒情，提高土壤水分的利用率，有利于茶苗生长。而且在夏季高温干旱和秋季持续干旱的两个月水分胁迫较严重的典型时间内，茶苗根层含水率提高14.5%和8.08%，含水率低于10%以下的严重缺水时间滞后5天，并缩短了干旱的时间（表2-12），大大减轻山区丘陵地区干旱时间内茶苗受旱程度，使茶苗正常生长对水分的需求得到保证，并未因间作白三叶草而使茶苗和绿肥作物之间发生争水的矛盾。

表2-12 茶园间作白三叶草对不同土层土壤含水量的影响 （宋同清等）

土层深（厘米）		2004年含水率（%）						
		4月	5月	6月	7月	8月	9月	10月
0～20	不间作	16.45	17.32	17.46	14.26	12.93	12.93	8.37
	间作白三叶	17.74	19.63	19.36	17.00	13.33	14.30	8.80
20～40	不间作	20.14	20.60	20.78	18.90	17.66	19.66	15.14
	间作白三叶	18.77	19.84	20.19	17.76	16.54	16.46	13.25
40～60	不间作	21.53	21.39	21.04	20.39	17.88	19.61	16.94
	间作白三叶	20.00	20.70	20.59	18.28	17.13	17.34	15.23
土层（厘米）		2004年含水率（%）		2005年含水率（%）				均值
		11月	12月	1月	2月	3月	4月	
0～20	不间作	17.53	12.60	19.40	20.39	20.53	17.74	15.99
	间作白三叶	17.65	13.73	19.80	21.65	21.61	19.27	17.22
20～40	不间作	20.25	18.55	20.19	22.08	22.59	20.14	19.56
	间作白三叶	16.77	16.23	18.96	22.60	20.92	19.61	18.18
40～60	不间作	20.95	20.00	21.27	22.09	22.55	20.87	20.44
	间作白三叶	17.46	16.99	19.69	20.93	21.01	20.51	18.91

（三）矮生型绿肥作物对茶园小气候的影响

矮生绿肥作物在正常生长的情况下，其高度常常与茶苗高度接近或稍高或稍低于茶苗，因此，它的根系生长深度也常常与茶苗生长深度相接近。它对茶园水、气、热的影响，常常间于高秆型绿肥作物与铺地型绿肥作物之间，既表现有遮荫、防晒，提高茶园空气湿度和减低高温季节土壤温度的作用，但由于绿肥的吸收根与茶树的吸收根在同一土层内，而绿肥高度与茶苗的高度也接近在同一个层面上，因此，由于各自生长的需要，在其生长过程中，常常表现有争水、争光、争肥的矛盾。

在干旱季节有时会使行间变得闷热，根层缺水；多雨季节又表现湿度过大而不透风，易引发病害等，处理不及时常常会影响茶苗生长。据安徽农业科学院茶叶研究所在幼龄茶园间作春播夏绿肥作物饭豆的调查，结果发现在生长旺季，绿肥作物与茶树之间发生争光、争肥、争水迹象，不少间作茶园在发生“三争”前没有采取必要措施，如对绿肥作物采取疏枝、刈割等，结果绿肥作物旺长，在行间挤压茶树，使茶苗生长受到影响，叶色发黄，生长缓慢，植株比不间作的要矮小，结果大大影响当时绿肥作物的推广应用。该所研究人员经研究后提出解救措施，对绿肥采取疏株、疏枝、打头、刈割等措施，才得到恢复，以后又使茶园绿肥得到推广应用。

另据中国农业科学院茶叶研究所在组织茶园绿肥试验网试验期间，在绍兴越联进行幼龄茶园间作黑毛豆试验，2～3 年生幼龄茶园行间间作 2～3 行黑毛豆。到 7～9 月份，由于黑毛豆处于旺长期，吸收能力强，需水多，蒸腾作用大，而行间郁闭，闷热不通气，土壤表层（0～20 厘米）水分蒸发作用减少，含水量提高，而在根层（20～40 厘米）土壤中，由于茶树根和绿肥根同时吸水，耗水量增多，结果土壤含水率减少，比对照区要低（表 2-13），表现有争水迹象。但这只在伏旱期表现，而在雨期或非缺水的期间并没有明显表现。因此,在干旱季节,尤其是在伏旱期间,如何正确处理好矮生型绿肥作物与茶苗之间在根层争水的问题,是幼龄茶园间作矮生绿肥作物成败的关键之一。

表 2-13 幼龄茶园间作黑毛豆对土壤水分含量的影响

土层深度(厘米)	6月15日含水率(%)		7月15日含水率(%)		8月15日含水率(%)	
	间作黑毛豆	对照	间作黑毛豆	对照	间作黑毛豆	对照
0～20	29.6	26.5	21.8	17.4	19.6	15.6
20～40	28.6	29.4	18.4	19.9	17.0	18.6
40～60	29.6	29.9	19.5	20.1	18.4	18.7

四、对茶园病虫害的影响

茶园种植绿肥作物之后,由原来的单一茶树而变成了茶园生物多样性环境,这一方面提高了茶园自身的自然调控能力,减少了突发性病虫的频发率和危害程度,但另一方面也增加了病虫危害的可能性。

据中国科学院亚热带农业生态研究所对茶园间作白三叶草的生草栽培试验,在严格控制不施用任何化学农药的前提下,采用生物农药及物理和农艺技术防治病虫害,经3～8月份的调查,结果发现,间作白三叶草茶园害虫有33种,天敌有39种,而不实行间作的清耕茶园害虫有28种,天敌有34种。这就说明,间作茶园的生物多样性明显提高,生物之间相互制约能力提高,尤其是害虫的天敌品种和种群数增多更为明显,而且其中最为主要的害虫天敌蜘蛛目、鞘翅目和膜翅目等,其间作茶园区的生存数,明显高于清耕区。而主要害虫,如茶蚜、茶尺蠖、假眼小绿叶蝉等,在两种茶园的危害情况明显不同,不间作的清耕茶园危害率高达62.5%,而间作白三叶草的茶园,其危害率只有6.8%,相差甚远。

另外，茶园间作绿肥作物之后，由于绿肥作物和茶树之间的病虫害，有的属共害性病虫，有的属于异害性病虫。共害性的虫害有蚜虫、红蜘蛛、蓟马和斜纹夜蛾等（表 2-14，表 2-15）。它们既可危害茶树，也可危害绿肥作物。由于间作的绿肥作物大多为草本植物，枝叶肥嫩，与茶树木本相比更能吸引害虫。如 1995 年，笔者在上华低丘红壤茶园进行乌豇豆间作试验时发现，当年当地茶园蚜虫危害较为严重，4～5 月间间作茶园蚜虫大多都集中在乌豇豆上，茶树上却很少；而不间作乌豇豆的茶园，其茶芽却长满了蚜虫，危害严重。至于绿肥作物和茶树之间的一些异害性害虫，如豆芫菁、豆荚螟和豆象等，对茶树并无危害。而且，在茶园绿肥作物中，有些品种，如艾草、除虫菊、肿柄菊等，对某些害虫还有一定的驱赶

表 2-14　茶园绿肥作物常见害虫对茶树共害的关系

害虫名称	蚜虫	蓟马	潜叶蝇	斜纹夜蛾	黏虫	叶甲	象甲	猿叶虫	灰象甲	红蜘蛛	田菁卷叶虫	金龟子	玉米螟	秆蛀蝇	菜螟
对茶树危害关系	○	○	⊗	○	⊗	⊗	○	⊗	○	○	⊗	⊗	⊗	⊗	⊗
害虫名称	豆芫菁	田菁黄蝶	豆夹螟	棉铃虫	造桥虫	网目砂潜	没食子蜂	盲椿象	地老虎	蛴螬	蟋蟀	苕蛆	苕锯蜂	豆象	
对茶树危害关系	⊗	⊗	⊗	⊗	○	⊗	⊗	○	○	○	○	⊗	⊗	⊗	

* ○为共害虫，⊗为非共害虫

表 2-15　茶园绿肥作物常见病害对茶树共害的关系

病害名称	菌核病	炭疽病	白粉病	霜霉病	叶斑病	轮斑病	褐斑病	赤斑病	黄斑病	叶枯病	圆斑病	黄色叶枯病
对茶树危害关系	⊗	○	○	⊗	○	○	○	○	○	⊗	⊗	⊗

续表 2-15

病害名称	立枯病	柽麻立枯病	黑茎病	黑点病	根腐病	冠瘤病	疮痂病	锈病	白锈病	轮腐病	线虫病	病毒病
对茶树危害关系	⊗	⊗	⊗	⊗	○	⊗	⊗	○	○	⊗	○	○

* ○为共害病，⊗为非共害病

作用。有些茶园某种虫害较多，可有意地选择一些驱赶性绿肥作物进行间作，或收集这些绿肥作物作茶园土壤覆盖物，或制成驱赶性堆肥，也能起到防御虫害的效果。

但是必须指出，茶园间作绿肥作物之后，由于行间空间缩小，湿度增大，通透性降低，气温升高，夏天行间变得闷热，有诱发茶树病虫害的可能性。据长江中下游广大茶区反映，茶园种植矮生绿肥作物之后，茶园黑刺粉虱发生率增多，煤病也增多等。另外，由于茶园行间种植绿肥之后，还可能会给某些害虫提供越冬度夏的场所，降低了严冬和高温酷暑对病虫的杀灭影响。茶园种植绿肥作物之后，也有可能使行间绿肥作物成为茶树飞跳型害虫的避难所，在茶园进行害虫防治时，这些害虫就会跳躲在行间绿肥作物中去，降低农药对它们的杀伤率，影响茶园病虫的防治效果。此外，一些茶园坎边护坎绿肥作物及茶园中的遮荫树等，也可能成为茶园害虫栖息和繁衍后代的场所，增多茶园虫害的数量。不过，茶园和周边种植绿肥作物可增加茶园区生物多样性是肯定的，对茶树害虫虽有有利的一方面，但是对害虫的天敌却也起到一定的保护作用。

因此，在不同生物之间生物链的连接、相互促进和相互制约的关系中，人依然是处于核心地位，可以发挥人为的主观能动性，在不超越客观规律的情况下，采取一些必要的措施和手段，使生物多样性的相互制约、相互促进关系，朝向人们的栽培目的方向发展。但目前茶园间作绿肥作物之后，茶树与绿肥作物之间生物链的相互关系研究很少，今后应加强有关这方面的研究，从中找出规律，正确处理它们之间生物多样性的关系，减少茶园绿肥作物的负面作用，扬长避短，提高绿肥作物的积极作用，是茶园间作绿肥作物成败的另一关键所在。

五、对茶树生长及茶叶产量与品质的影响

茶园合理间作绿肥作物之后，可以改良土壤理化性质，提高土壤肥力，防止茶园水土流失，改善茶园小气候条件，并能增加茶园生物多样性，减少暴发性病虫害发生率等，因此，在不同程度上促进茶树生长，提高了茶叶产量和品质。但是，在绿肥作物不合理种植和利用的时候，会造成茶树与绿肥之间的争肥、争光、争水的矛盾，在一定程度上又会影响茶树的生长。

（一）绿肥作物对茶树生长的影响

幼龄茶园间作绿肥作物，可以充分利用茶园的空间，大大提高茶园土地的利用率，但由于茶树与绿肥作物处于同时生长，只有在绿肥作物被埋青利用后，才能使土壤肥力得到提高，促进茶树生长。在茶园间作绿肥作物期间，对茶树生长影响如何，一直是茶叶种植者所关心的问题，不少单位也作过较多的观察和研究。多数结果认为这主要与茶园类型、绿肥作物品种、当地气候条件及茶园绿肥作物种植和利用方式等有很大关系。如 1 年生的幼龄茶园间作春播高秆夏季绿肥作物，主要是作幼龄茶树遮荫用的，同时通过刈割作茶园土壤铺盖保墒，以解决高温干旱和强光对小苗生长的影响。一般当季对茶苗生长便能起到良好的作用。据广东省农业科学院茶叶研究所研究和测定，在广东由于 7～9 月份的高温和强光，是影响茶苗成活率的一大主要因子，选用木豆作遮荫绿肥作物，土壤最高温度可比不间作下降 10℃～15℃，茶苗成活率可从

57.1%，提高到 73.4%，为茶园高产优质打下良好基础。另据原安徽劳动大学茶叶系的研究，在皖南低丘地区 7～9 月份的高温灼热，是影响茶苗成活和生长的主要矛盾。茶园间作田菁之后，在 7 月中旬刈割鲜草铺地保墒，8～9 月份田菁还能长到 1.6 米高，伏旱时可遮荫，解决了高温灼热和土壤蒸发失水对茶苗的危害，茶苗成活率和生长量都比不间作的要高（表 2-16）。

表 2-16　幼龄茶园间作田菁对茶苗生长的影响*　（韩贤强）

处　理	根　系		茎　干		叶　片		
	根长（厘米）	根重（克）	茎长（厘米）	茎重（克）	张数	面积（厘米^2）	干重（克）
间作田菁	25.0	2.40	23.27	1.18	12.5	33.07	1.78
不间作	22.7	2.38	15.0	0.60	11.5	17.15	1.14

*为（每株）旬平均数

而在我国长江以北茶区及长江中下游广大茶区的高山地区，在隆冬季节或开春前后，土壤冻融交替期间常常引起茶苗严重冻害，由于茶园行间种植秋播越年冬绿肥作物，因改善了茶园冬、春季节小气候条件，从而使茶苗受冻率大为减轻（表 2-17），有利于开春后茶树的发芽和生长。

表 2-17　茶园间作冬季绿肥作物对茶苗防冻的作用*

绿肥品种	地温**（℃）	茶苗受冻害情况（%）				受冻害率（%）
		未受冻害	轻度冻害	中度冻害	严重冻害	
茶园间作豌豆	15	42	50	8	0	58
茶园间作苕子	14	30	62	8	0	70
茶园间作满园花	16	64	34	2	0	36
茶园间作油菜	15	50	38	12	0	50
不间作绿肥	12	16	53	27	7	84

* 摘自《茶树施肥》

** 中午 12 时，5 厘米深处的地温。

此外，在易受冻的山区幼龄茶园，间作匍匐型的多年生绿肥作物白三叶草，由于它呈铺地匍匐型生长，保护茶苗越冬效果更好。据中国科学院亚热带农业生态研究所研究，该地幼龄茶园间作白三叶草，由于茶园整体生态条件得到改善，有利于茶树生长，因此，即使是茶树与白三叶草处于同时生长，白三叶草也不妨碍茶树生育。相反，无论是茶树树高、树幅、叶层厚度、茶芽密度等，都是间作白三叶草的茶园比不间作的要好（表 2-18）。因此，为以后茶园优质高产打下了良好基础。

表 2-18　幼龄茶园间作白三叶草对茶树生长的影响　（宋同清等）

（2002 年～2005 年）

处　理	树高（厘米）	树幅（厘米）	叶层厚（厘米）	芽密度（个/米^2）	1 芽 2 叶百芽重（克）
间作白三叶草	55	95	40	927	28.53
不间作	50	75	35	702	25.4

对于非高秆型和非匍匐型的矮生型冬、夏绿肥作物，由于它的生长株型与茶树的高矮差不多，在生长期间由于容易造成争光、争水、争肥的矛盾，会不会对茶苗生长造成暂时影响的问题，中国农业科学院茶叶研究所有机茶研究与发展中心，于 2002 年选用豆科和禾本科等绿肥作物，分别在浙江上虞和余姚有机茶园中进行对比试验。结果表明，就春播夏季绿肥作物来看，其生长旺季 也正是茶树的生长旺季。在 2 年生幼龄茶园中，间作二行绿肥作物的条件下，禾本科的苏丹草、龙爪稷及豆科的大绿豆等，因株体大，后期生长快，在 8 月份高温干旱时，正值它们的生长旺季，表现有对茶树挤压的现象。从而当季在一定程度上影响到茶树的生长，茶苗生长高度比间作其他豆科绿肥作物的要矮小，比对照的不间作区长得要更矮小；而间作其他绿肥作物与对照相比稍有差异，但影响并不很大。当绿肥作物埋青后，树行空间扩大，加上埋青后绿肥作物分解起到

供肥供水作用，因而促进茶苗后期生长。原间作禾本科苏丹草、龙爪稷及豆科大绿豆的茶园，茶苗生长开始发力，到10月中下旬后，反而超过不间作的对照区，但没有超过间作株体较矮小的其他绿肥作物的茶苗，茶苗最终生长最好的是间作黑毛豆和乌豇豆两个豆科绿肥作物（表2-19）。这就说明，茶园间作矮生绿肥作物时，在其生长旺季有与茶树争光、争水、争肥的迹象，但是埋青后，又促进茶树生长。对于株体稍高大的矮生春播夏季绿肥作物来说，在“三争”矛盾突出时，要及时采取措施加以解决，才能有利于茶树生长。

表2-19　春播夏季绿肥作物对茶苗生长的影响＊

绿肥品种		苏丹草	黑毛豆	伏花生	乌豇豆	绿豆	饭豆	大绿豆	龙爪稷	不间作
试验点		上虞市龙浦雪大岙								
茶树生长状况	测定日期	8月7日								
	树高（厘米）	35	40	42	39	39	40	38	35	40
	树幅（厘米）	21	30	30	30	29	29	28	25	28
	测定日期	10月10日								
	树高（厘米）	47	60	47	58	49	51	48	48	45
	树幅（厘米）	39	50	40	49	45	45	47	39	38
试验点		余姚陆埠里岗								
茶树生长状况	测定日期	8月8日								
	树高（厘米）	32	38	39	38	38	37	33	33	38
	树幅（厘米）	23	26	28	27	26	27	24	21	25
	测定日期	10月11日								
	树高（厘米）	42	57	50	52	49	47	43	45	42
	树幅（厘米）	40	48	46	50	46	39	39	39	37

＊摘自《有机茶园绿肥品种筛选和推广应用试验工作报告》（2002年10月）

关于秋播冬季绿肥作物，由于种植和发芽生长时，茶树地上部已停止生长或即将停止生长，而开春后绿肥作物返青生长快，茶树发芽滞后，两者生长期是错开的，所以茶树生长与绿肥生长之间的矛盾不明显。只有在 4～5 月份绿肥生长处于旺季，茶树生长也处于旺季时，才会出现"三争"的矛盾，而且只有株体较大的肥田萝卜表现有绿肥作物对茶树起到短暂的挤压现象。但这时气温不高，雨水也多，时间也不长，矛盾不突出。绿肥作物被埋青后，矛盾很快得到解决，所以对促进茶树生长表现更为明显。据在上虞有机茶园中的对比试验结果，在 2 年生茶园间作 2 行冬季绿肥作物的情况下，绿肥作物旺长时及时埋青，不同冬季绿肥作物都不会对茶树生长造成不良影响。间作初期与不间作的长势差异不大。但是 5 月份以后，由于绿肥作物被埋青而很快分解，并释出养分和水分，使茶树在 6～9 月份生长期间得到养分和水分的保证，茶树生长明显加快，间作与不间作茶园的茶树生长明显表现出差异，间作茶园茶树高度比不间作的对照区高出 10～20 厘米，树幅宽出 10～15 厘米，其中间作蚕豆和豌豆的表现最好，茶树最终长得最高，生长势也最好(表 2-20)。

表 2-20　秋播冬季绿肥对茶树生长的影响＊

绿肥品种		鸭毛草	红三叶草	白三叶草	苜蓿	黑麦草	豌豆	蚕豆	肥田萝卜	紫云英	不间作
茶树生长情况	测定时间	5 月 25 日									
	树　高（厘米）	35	34	35	35	36	34	36	33	38	35
	树　幅（厘米）	15	16	17	14	17	16	15	16	19	18
	测定时间	8 月 25 日									
	树　高（厘米）	40	45	45	47	40	55	60	40	40	38
	树　幅（厘米）	30	35	32	37	35	40	30	35	29	25

＊摘自《有机茶园绿肥品种筛选和推广应用试验工作报告》(2002 年 10 月)

(二)绿肥作物对茶叶产量和品质的影响

茶园种植绿肥作物之后,由于综合地改善了茶树的生态条件,在正确处理茶树生长和绿肥作物生长之间矛盾的前提下,可促进茶树生长,为以后茶叶高产优质奠定基础。因此,凡茶园种植绿肥作物之后,茶叶产量比不间种绿肥作物的都有明显的提高。早在20世纪50～60年代,在茶园缺肥的条件下,茶农就是广泛采用间作绿肥作物来提高茶叶产量的。据张月楼当时调查,浙江平阳桥墩茶场从1955年开始,在茶园中种植绿肥作物,经3年试验结果证明,茶园间作绿肥作物是解决茶园缺肥的好方法,茶园间作绿肥作物后,茶叶产量有明显提高。到1957年调查统计,与不间作茶园相比,增产幅度达29%～75%,其中间作紫云英的增产75%,间作豌豆的增产61.9%,间作蚕豆的增产39.2%,间作苜蓿的增产29.2%。

20世纪60年代,浙江大力发展茶叶生产,一些大型茶场,如蒋堂农场、十里坪农场、十里丰农场、上虞茶场和南湖林场等,都在数千亩(66.67公顷)的茶园里,分别间作了花生、大叶猪屎豆、草豌豆和红三叶草等以解决茶园肥源问题,从而为这些茶场、茶园以后的高产优质,打下良好的基础。根据当时的报道和调查,间作绿肥作物茶园一般比未间作的增产5%～35%。其他省也有同样的例子。如据湖南省安化县多种经营办公室介绍,安化浮青有个"三八"茶场,为了解决当时茶园缺肥问题,从1969年开始,在墙弄子口茶园中进行间作红花草试验,连续间作3年后,茶叶产量明显提高,到1971年,间作茶园春茶青叶产量每667平方米平均达到260.5千克,而不间作的只有229.5千克,间作的比不间作的增产13.5%。1971年,此经验得到全面推广,取得良好效果,春茶产量得到大幅度的增加。再如据江西省刘家站红壤试验站介绍,该站有两块同时开垦的6年生茶园,一块在1958年开园后连续4年间作冬季绿肥作物，其中2年是间作肥田萝卜，2年是间作紫云英，到1964年茶树平均高达63.4厘米，平均树幅达50.9厘米，每667平方米干茶产量达37.5千克；另一块只是间作2年肥田萝卜，仅少间作2年紫云英，结果到1964年茶树平均高度只有48.5厘米，平均树幅只有50.0厘米，667平方米干茶产量平均只有17.5千克。另据河南省新县外贸局介绍，1971年新县在良种繁育场2.53公顷(38亩)幼龄茶园中，间作苕子进行比较试验，结果连续间作2年后，间作茶园打头采的茶叶平均每667平方米产量可达55.6千克，而未间作的茶园，每667平方米茶叶产量只有41.4千克，间作的比不间作的增产34.29%。

茶园间作绿肥作物后提高茶叶产量的例子还有很多。但是，不同绿肥品种和不同间作方法，其增产效果却有不同。对此，一些茶叶研究、教学和生产单位做了不少比较试验。如据广东省农业科学院茶叶研究所试验，在当地条件下幼龄茶园连续间作肥田萝卜，比不间作的增产18.8%～54.9%；据原安徽劳动大学试验，幼龄茶园间作高秆绿肥作物刈割作土壤覆盖物后，与不间作的对照茶园相比，增产44.9%。又据福建省农业科学院茶叶研究所试验，1～3年生茶园间作大叶猪屎豆进行伏埋和秋埋，茶青比对照区增产13.2%～14.9%。又如中国农业科学院茶叶研究所在幼龄茶园进行间作速生乌豇豆试验，在1～3年生幼龄茶园中，经3年的连续间作之后，到第四龄时退出间作，5龄茶投采之后，每667平方米产茶青410.1千克，而不间作的只有354.5千克，间作比不间作的增产15.7%。

茶园合理间作绿肥作物，不仅可促进茶树生长，提高茶叶产量，而且对改善茶叶品质也有良好的作用(表2-21)。如据中国科学院亚热带农业生态研究所2002～2005年进行的幼龄茶园间作白三叶草的调查资料，就是其中一个最好的例子。该试验和调查资料表明，茶园间作绿肥作物可提高茶叶氨基酸含量，降低茶叶的酚氨比，尤其对提高秋茶的氨基酸含量，效果更明显(表 2-22)。

表 2-21　茶园间作大荚箭筈豌豆对茶叶产量和品质的影响

处　理	第四和第五两年平均茶鲜叶产量		春　茶		秋　茶	
	千克/667 米²	%	氨基酸(克/千克)	酚/氨	氨基酸(克/千克)	酚/氨
不间作	294.6	100.0	19.46	11.3	10.45	16.8
间作三年	397.7	131.6	21.54	10.0	16.75	14.3

表 2-22　茶园间作白三叶草对茶叶产量和品质的影响　(宋同清)

处　理	茶叶产量(千克/亩)	春　茶					秋　茶				
		水浸出物(%)	茶多酚(%)	氨基酸(%)	酚氨比	感官审评分	水浸出物(%)	茶多酚(%)	氨基酸(%)	酚氨比	感官审评分
间作白三叶草	133.17	54.96	17.99	3.75	4.8	96.7	54.66	19.26	4.24	4.54	100
不间作	99.39	54.15	21.06	3.64	5.79	81.2	49.3	23.44	3.57	6.57	85.6

注：1 亩＝667 平方米

在茶园种植护梯绿肥作物，刈割后可作茶园埋青和土壤覆盖物。由于它与茶树生长没有争水、争肥的矛盾，其作用等于茶园施有机肥和铺草，效果更为明显。据福建省农业科学院茶叶研究所试验，茶园梯坎边种植爬地木兰作茶园肥料，三年平均增产 11.2%～22.2%，种植肿柄菊增产 40.9%，种植大叶猪屎豆增产 11.8%，种植羽扇豆增产 11.7%等。

但是必须指出，并非所有幼龄茶园间作绿肥作物都能起到增产提质的作用。茶园间作绿肥之后，由于间作不合理，或利用不及时，茶树与绿肥之间“三争”矛盾突出，结果影响茶树生长和茶叶产量，在生产实践中这种例子也不少。如据安徽省祁门茶叶研究所试验，幼龄茶园间作夏季绿肥作物之后，由于在伏旱期间发生争水现象，结果影响茶树生长而导致减产。又据该所调查，茶园间作饭豆之后，由于密度过大，发生饭豆生长挤压茶苗的现象，结果导致间作的失败。这种现象在浙江、四川、福建和广东等省的生产单位也都有发生。另外据福建省农业科学院茶叶研究所对 4 年生幼龄茶园间作大叶猪屎豆的比较试验，结果间作的比不间作的减产 29.1％～13.4％，并且间作密度越大，对茶树生长影响业越大，减产也越多。所以说，茶园间作绿肥作物必须科学合理，才能发挥绿肥作物的增产提质作用。有人说："茶园绿肥作物是个宝，种到哪里那里好"，这话并不完全对。茶园间作绿肥作物，必须科学种植，合理利用，才能发挥绿肥作物的优越性。任意种植，随便利用，不一定会达到茶园绿肥作物种植的真正目的，有可能会起到反作用，从而造成种植的失败。

第三章　茶园绿肥作物的种类及分布

所谓茶园绿肥其含义很广，凡可作茶园中作肥料施用的绿色植物本体均可称为茶园绿肥。因此，国外把茶园修剪下的枝叶、茶园杂草、茶园遮荫树、行道树和茶园周边的山草，均被称作茶园绿肥。而日常所指的茶园绿肥植物，只局限于为了提高茶园土壤肥力，提供茶树养分并经人为选择而在茶园中及其周边种植和生长的植物。也就是说，它是种植在茶园中或茶园周边零星空地上，主要用作提高茶园土壤肥力的植物。这种植物自然很多，其中有经人为选育的栽培作物，也有野生植物。由于其用途、来源、生物学特性等不同，茶园绿肥类型分法也有很大的不同。不同类型茶园绿肥分布地域也有很大的差异。

一、茶园绿肥作物种类

能作茶园肥料利用的植物很多，可以按照植物学、生物学、栽培学、育种学等学科的方法进行划分。目前最常见的茶园绿肥植物的划分，有以下几种：

（一）按植物分类学划分

按植物学分类，可把茶园绿肥作物划分为豆科绿肥作物、禾本科绿肥作物、菊科绿肥作物、十字花科绿肥作物、蓼科绿肥作物、茜草科绿肥作物和莎草科绿肥作物等。其中豆科绿肥作物大多数因有根瘤，能固定空气中的氮，而被利用和种植得最多。如乌豇豆、黑毛豆、大叶猪屎豆、田菁、柽麻、三叶草、竹豆、绿豆、爬地木兰、合欢、苕子、蚕豆和箭筈豌豆等。禾本科的主要有鸭毛草、苏丹草、黑麦草和百喜草等。菊科的主要有肿柄菊、除虫菊、万寿菊和艾蒿等。十字花科的主要有肥田萝卜和油菜等。蓼科的主要有荞麦和辣蓼等。茜草科的主要有黄花耳草等。沙草科的主要有青管草等。

(二)按生物学特性划分

根据茶园不同绿肥植物的生物学特性,可将其分成木本类和草本类型。木本的又有乔木型和灌木型两种。乔木型的如合欢和相思树等,主要用作热带和南亚热带茶园作遮荫树种植。灌木型的如紫穗槐等,主要作保坎护梯用。草本中又可分为直立型、匍匐型和攀绕型等。其中直立型的又有丛生和单干之分。如蚕豆、乌豇豆和大豆等,就是直立丛生型的。而田菁、柽麻就是直立单干型的,主要作种茶前的先锋作物和一年生茶苗遮荫物用。匍匐型的又有全匍匐型和半匍匐型之分。苕子、黄花苜蓿和伏花生就是半匍匐型的。爬地木兰、白三叶草和百喜草等,就是全匍匐型的。这种绿肥作物保土效果最好,与茶树生长矛盾少。攀绕型的又有卷须型和茎绕型之分。如苕子、箭筈豌豆就是卷须型的。而竹豆和蝶豆等就是茎绕型的。它们生长时常常会爬到茶树上,藤蔓缠绕茶树,影响茶树生长,间作时要及时清理。

(三)按种植时间和生长期划分

在众多茶园绿肥作物中,有的是单年生的,有的是越年生的,也有的是多年生的。按绿肥作物播种期和生长时间的不同,在生产习惯上,常常把它们分成茶园春播夏季绿肥作物、秋播冬季绿肥作物和多年生绿肥作物等。由于茶树是多年生作物,而茶树地上部生长主要在春、夏、秋三个季节,而且茶树新梢生长季节性强,把茶园绿肥作物按种植时间和生长时间的长短进行分类,在生产上有很大的应用价值。所以,这种分类方法已成为一种生产中的习惯分类方法,广为应用。如春播夏季绿肥作物,是指在春天播种、夏季处于生长旺季的绿肥作物。如乌豇豆、伏花生、黑毛豆、柽麻、田菁和大叶猪屎豆等，夏秋可以刈割或埋青利用。由于春播夏季绿肥作物的生长时间，也正是茶树生长时间，两者关系处理不当时，易造成争水、争光、争肥的矛盾。因此，其种植技术和管理水平要求较高。秋播冬季绿肥作物，是指秋季播种发芽，冬季蹲苗，开春后生长的越年生绿肥作物。由于它的生长主要在冬季和早春，与茶树生长矛盾较少，被埋青和利用之后还可以再种夏季绿肥作物，所以好处很多，在种植和管理技术上，要求也不很高，因此，在茶叶生产中推广应用得比较多。在茶园绿肥作物中被茶农称之为“五朵金花”的，都是秋播冬季绿肥作物。多年生绿肥作物，主要是种植之后常年生长，一年可刈割多次，再生能力强，一般株体较大，根系发达，个别的如白三叶草、爬地木兰和百喜草等匍匐型的，除了可在茶园中间作之外，多数是作坎边和梯边种植。一些木本型的，如葛藤、紫穗槐、大叶胡枝子等多年生绿肥作物，不宜在茶园中间作。当然，在热带和南亚热带茶园中作遮荫用的合欢、相思和楹树等多年生植物，由于它的落叶可以提高茶园土壤有机质，也可以称为茶园绿肥植物。但它的主要功能是遮荫，改善茶园干旱、灼热的小气候条件，保护茶树生长。一般称其为茶园遮荫树。

（四）按用途划分

茶园绿肥作物除了埋青作肥料之外，还有其他的用途。因此，有的还根据用途把它分成茶园专用绿肥作物、肥粮兼用绿肥作物、肥菜兼用绿肥作物、肥饲兼用绿肥作物和护坎保梯绿肥作物等。所谓茶园专用绿肥作物，是指它只能作肥料，可以埋青，也可作覆盖物。如大叶猪屎豆就是其中之一，因为茎叶和种子稍带毒性，人畜不能食用，只能作肥料。如乌豇豆是一种肥菜兼用性绿肥作物，乌豇豆的豆荚幼嫩时可做菜吃。黄豆、伏花生等是一种肥、粮、油兼用绿肥，它的成熟种子可供人食用和榨油等。黑麦草作饲料使用时营养很丰富，是一种肥饲兼用性绿肥作物。爬地木兰、知风草和百喜草等，主要是用作保护茶园梯坎的，被称之为茶园梯边绿肥作物。还有一种绿肥作物，如艾蒿、除虫菊和万寿菊等，由于它可挥发出一类气体，有些茶树害虫闻到这种气体之后会逃之夭夭，故称之为害虫躯赶性绿肥作物等。当然，还可以按其他的方法来划分，如栽培型的与野生型的，当地型的与引进型的等。

二、茶园绿肥作物的主要品种资源及分布

我国地大物博，地形复杂，气候多样，植物种群多，可作绿肥的品种资源丰富。据不完全统计，除野生绿肥作物之外，已被人们栽培的可作肥料利用的植物已有上百种，其中属豆科的约占 73%，已形成了一个较完整的绿肥作物系统。但是其中可在茶园中或茶山上种植和利用的并不多，有的虽然可以在茶园中或茶山上种植，但由于没有研究和引种试种过，有的虽有研究和引种试种，但未有生产推广应用的实践。现在，就我国可以在茶园中或茶山上种植的主要绿肥植物品种资源，及其分布情况，按照种植和生长时间的不同来划分，分别加以介绍。

(一)春播夏季绿肥作物的资源及分布

茶园春播夏季绿肥作物的品种资源较多，其中有豆科、禾本科、菊科及其他科的植物几十种，现就其中种植和利用较多，分布较广的几种品种资源，列表(表 3-1)介绍如下：

表 3-1　我国茶园春播夏季绿肥作物的主要品种资源及其分布

绿肥作物名称	科　属	别　名	株　型	用　途	主要分布地区
羊角豆	豆科决明属	望江南、野扁豆	直　立	肥　用	江南茶区及华南茶区的广东、广西等地

续表 3-1

绿肥作物名称	科属	别名	株型	用途	主要分布地区
决明豆	豆科决明属	假绿豆	直立	肥用、药用	长江中下游广大茶区及华南茶区的大部分省
蝶豆	豆科决明属	兰花豆	匍匐	肥饲兼用	西南茶区、华南茶区及江南茶区等
大叶猪屎豆	豆科猪屎豆属	大粒响铃豆	直立	肥用	华南及长江中下游广大茶区、西南茶区的部分产茶省
三尖叶猪屎豆	豆科猪屎豆属	阿字绿肥	直立	肥用	华南茶区及台湾省
猪屎豆	豆科猪屎豆属	大叶猪屎豆、大叶响铃豆	直立	肥用	江南茶区、两广、云贵等
光叶猪屎豆	豆科猪屎豆属	大果野百合	直立或丛生一年生或多年生	肥饲兼用	两广及江、浙等茶区
杂交野百合	豆科猪屎豆属	细果野百合	直立	肥饲兼用	长江中下游广大茶区
柽麻	豆科猪屎豆属	大阳麻	直立	肥饲兼用	华南、江南及西南茶区的部分产茶省
三圆叶猪屎豆	豆科猪屎豆属	复叶野百合	直立	肥饲兼用	华南、江南、西南茶区及江北茶区部分产茶省
兰花野百合	豆科猪屎豆属	狗铃草	直立	肥用	江南及华南茶区
金钱草	豆科山蚂蟥属	落地金钱	匍匐	肥用	两广及云、贵、川等省山区
泥豆	豆科大豆属	茶豆、泥黄豆、马科豆	直立	肥饲兼用	各茶区
大豆	豆科大豆属	黄豆、毛豆	直立	粮油肥兼用	各茶区
蔓豆	豆科大豆属	野大豆、山黄豆	蔓生	肥饲兼用	各茶区

续表 3-1

绿肥作物名称	科属	别名	株型	用途	主要分布地区
托叶胡枝子	豆科木兰属	长萼鸡眼草、掐不齐草	匍匐	肥用	江苏、浙江、安徽、山东、陕西、河南等省茶区
草原山黧豆	豆科内黧豆属	—	直立	肥用	四川、云南、陕西、甘肃等产茶省
滨豆	豆科山黧豆属	小扁豆、狗扁豆	直立矮生	肥粮兼用	长江中下游广大茶区及云南等地
羽扇豆	豆科羽扇豆属	鲁冰豆	爬地型或矮生型	肥用	台湾、福建、浙江等产茶省(也有秋播的)
天兰苜蓿	豆科苜蓿属	杂花苜蓿	矮生	肥用	各茶区
小苜蓿	豆科苜蓿属	矮苜蓿	矮生	肥用	江北、江南茶区
圆叶苜蓿	豆科苜蓿属	爬地苜蓿	匍匐	肥饲兼用	长江中、下游广大茶区
小瘤苜蓿	豆科苜蓿属	光荚金花菜	匍匐	肥饲兼用	江北、江南茶区
绿豆	豆科菜豆属	大绿豆、小绿豆	直立	肥菜兼用	江北、江南为小绿豆,华南为大绿豆
竹豆	豆科菜豆属	饭豆、爬山豆、压草豆	缠绕	肥菜兼用	长江中、下游广大茶区
圆叶绿豆	豆科菜豆属	长序菜豆	缠绕	肥菜兼用	长江中、下游广大茶区
小饭豆	豆科菜豆属	小豆、白小豆、黑绿豆、赤小豆	缠绕	肥菜兼用	长江中、下游广大茶区
四棱豆	豆科菜豆属	—	矮生	肥菜兼用	华南、西南茶区
田菁	豆科田菁属	涝豆、咸豆、菁子豆	直立	肥饲兼用	华南、江南及西南茶区

续表 3-1

绿肥作物名称	科属	别名	株型	用途	主要分布地区
龙爪黎豆	豆科	狗爪豆、富贵豆	蔓生	肥菜饲兼用	两广、云贵川等省
头苑黎豆	豆科	猫豆、虎豆	爬地缠绕	肥饲兼用	江南、华南茶区
绒毛黎豆	豆科	茸毛黎豆、雀蛋豆	匍匐	肥饲兼用	华南、西南茶区
矮柱花草	豆科	汤斯维苜蓿	丛生	肥饲兼用	华南茶区
绛三叶草	豆科三叶草属	地中海三叶草、深红三叶草	匍匐	肥饲兼用	江南、华南、西南茶区
波斯三叶草	豆科三叶草属	—	匍匐	肥饲兼用	江南、江北茶区
地三叶草	豆科三叶草属	地下三叶草	匍匐	肥饲兼用	华南、江南茶区
香豆子	豆科三叶草属	胡芦巴、雪莎	匍匐	肥饲兼用	甘肃、陕西等产茶省
窄叶巢菜	豆科巢豆属	野绿豆	缠绕	肥饲兼用	各产茶省
紫花苜蓿	豆科巢豆属	深紫花苕子	缠绕	肥饲兼用	各产茶省
红花苕子	豆科巢豆属	毛荚苕子	缠绕	肥饲兼用	江苏
黄花苕子	豆科巢豆属	大花苕子	缠绕	肥饲兼用	江南、江北茶区
眉豆	豆科巢豆属	短荚豇豆、饭豇豆	匍匐	肥饲兼用	各产茶省
豇豆	豆科豇豆属	豆角、角豆、饭豆	匍匐	肥饲兼用	各产茶省

续表 3-1

绿肥作物名称	科属	别名	株型	用途	主要分布地区
乌豇豆	豆科豇豆属	黑豇豆	矮生	肥饲兼用	各产茶省
野豇豆	豆科豇豆属	—	匍匐	肥饲兼用	各产茶区
链荚豆	豆科	蓼豆	蔓生	肥饲兼用	华南茶区
野毛扁豆	豆科	—	蔓生	肥饲兼用	西南、江南、江北茶区
短刀豆	豆科	白刀豆	直立或蔓生	肥饲兼用	西南、华南茶区
伏花生	豆科	爬地花生、早熟花生	矮生	肥粮兼用	山东等省
苏丹草	禾本科	—	直立	肥饲兼用	长江中、下游广大茶区
龙爪稷	禾本科	—	直立	肥饲兼用	长江中、下游广大茶区
络特草	禾本科	虎尾草、罗德草	直立	肥饲兼用	长江中、下游广大茶区
多花黑草	禾本科	意大利黑麦草	直立	肥饲兼用	
小子藕草	禾本科	—	直立	肥饲兼用	长江中、下游广大茶区
小葵子	菊科	—	直立	肥用、驱虫	华南、江南茶区
黄花耳草	茜草科	—	爬地	肥用	华南、江南茶区
扁荚山黧豆	豆科山黧豆属	早熟山黧豆	直立	肥饲兼用	江北、江南茶区

续表 3-1

绿肥作物名称	科　属	别　名	株　型	用　途	主要分布地区
普通山黧豆	豆科山黧豆属	软扁豆、草香豌豆	直　立	肥饲兼用	江北、江南茶区
艾　蒿	菊　科	艾　草	直　立	肥田、驱虫、护梯、保坎	长江中、下游广大茶区
除虫菊	菊　科	小嗅菊	直　立	肥田、驱虫、护梯、保坎	长江中、下游广大茶区

我国茶园春播夏绿肥作物的品种资源还很多，表 3-1 只是主要的一些品种资源，其中有的是经人工引种驯化后改良的优良品种，是属栽培型、并得到大面积的推广应用，有的是野生的未经改良原种，未能得到栽培和大面积推广应用。其中有的是我国原有的，也有的是从国外引进试种、可以在茶园中种植的。有的品种在华南茶区可以在秋天播，也能较好地越冬，如羽扇豆在台湾、两广等地可以在 9～10 月份播种，冬天也能良好地生长，成为一年和越年生兼用的绿肥作物，就是其中之一。

（二）秋播冬季绿肥作物的资源及分布

秋播冬季绿肥作物是越年生植物。它的生长与茶树生长矛盾较少，因此在茶园中应用较多，品种资源类型也很多。但是，被利用最多的仍然是豆科植物，其次是十字花科和禾本科植物。现就茶园秋播冬季绿肥作物的主要品种资源，列于 3-2，供选择种植。

表 3-2　我国茶园秋播冬季绿肥作物的主要品种资源及其分布

绿肥作物名称	科　属	别　名	株　型	用　途	主要分布地区
紫云英	豆　科	红花草、荷花郎、花草	半爬地	肥饲兼用	各茶区

续表 3-2

绿肥作物名称	科属	别名	株型	用途	主要分布地区
丹吉尔山黧豆	豆科	美国山黧豆	直立	肥饲兼用	江南茶区
褐斑苜蓿	豆科苜蓿属	—	半爬地	肥饲兼用	江南茶区
黄花苜蓿	豆科苜蓿属	金花菜	半爬地	肥饲兼用	江南茶区
蜗牛牛苜蓿	豆科苜蓿属	金花菜	半爬地	肥饲兼用	江南、华南茶区
细齿草木樨	豆科木樨属	无味草木樨	直立	肥饲兼用	山东、陕西等省
苦草	豆科木樨属	印度草木樨	直立	肥饲兼用	江南及华南茶区
黄花草木樨	豆科木樨属	—	直立	肥饲兼用	江北茶区
乌足豆	豆科	塞拉台拉	直立	肥饲兼用	江北茶区
豌豆	豆科豌豆属	—	爬地缠绕	肥菜兼用	各茶区
蚕豆	豆科蚕豆属	胡豆、佛豆、横豆	直立	肥菜兼用	各茶区
红三叶草	豆科三叶草属	红车轴草	爬地	肥饲兼用	各茶区
窄叶巢菜	豆科巢豆属	野绿豆、窄叶豌豆	爬地缠绕	肥饲兼用	安徽、江苏、云南等省茶区
蓝花苕子	豆科巢豆属	蓝花草苕草	爬地缠绕	肥饲兼用	江北、江南茶区
红花苕子	豆科巢豆属	毛荚苕子	爬地型缠绕	肥饲兼用	江北、江南茶区

续表 3-2

绿肥作物名称	科属	别名	株型	用途	主要分布地区
野豌豆	豆科巢豆属	小巢菜	爬地、缠绕	肥饲兼用	各茶区
匈牙利苕子	豆科巢豆属	—	爬地、缠绕	肥饲兼用	江北、江南茶区
箭筈豌豆	豆科巢豆属	大巢菜、春苕子、野绿豆	爬地、缠绕	肥饲粮兼用	江北、江南茶区
乌豚豆	豆科巢豆属	四粒豌豆	爬地、缠绕	肥用	各产茶省
毛叶苕子	豆科巢豆属	冬苕子	爬地、缠绕	肥饲兼用	江北茶区
光叶苕子	豆科巢豆属	光苕、光叶紫花苕子	缠绕	肥用	江北、江南茶区
燕麦	禾本科	—	丛生	肥饲粮兼用	江北茶区
鸭毛草	禾本科	鸭花草、鸡足草、果园草	丛生	肥饲兼用	江南、江北茶区
大麦	禾本科	—	丛生	肥饲兼用	江南、江北茶区
黑麦草	禾本科	—	丛生	肥饲粮兼用	江南、江北茶区及西南部分地区
坚尼草	禾本科	大黍	半直立	肥饲兼用	江南、华南、西南茶区
球茎藕草	禾本科	球茎草	丛生	肥饲兼用	长江中游茶区
肥田萝卜	十字花科	满园花萝卜菜、茹菜	直立	肥饲兼用	长江中游茶区
油菜	十字花科	黄花菜	直立	肥饲油兼用	各茶区

续表 3-2

绿肥作物名称	科属	别名	株型	用途	主要分布地区
芸菜	十字花科	芸台茶	直立	肥粮兼用	四川、陕西等省
荞麦	蓼科	—	直立	肥粮兼用	长江中、下游茶区及西南茶区等

可作茶园越年生的绿肥作物还有很多,有些多年生草本植物也都是越冬生长后翻埋作绿肥用。当然,上述越年生绿肥作物中有些也可作春播夏季绿肥作物用,但生长势和产量自然要比秋播的低得多。上述秋播冬季绿肥作物多数都在茶园中试种过,尤其是20世纪60年代在开展茶园绿肥试验网进行引种试种中,各地对秋播冬季绿肥作物引种试验工作做得比较多,其中蓝花苕子、黄花苜蓿、白花肥田萝卜、红花草子和紫花箭筈豌豆,就是当地从全国很多品种中经大面积引种试种后,所选出来的秋播良种冬季绿肥作物,并得到广泛推广应用。

(三)多年生绿肥作物的资源及分布

茶树是多年生常绿木本作物,除间作茶园外,一些专业茶园无论是幼龄期间还是成龄期间,一般是不能间作多年生绿肥作物的。除白三叶草、紫花苜蓿、爬地木兰等之外,多数多年生绿肥作物一般都作茶园护梯、保坎、固土等栽种,生长后刈割茎叶作茶园覆盖物和肥料,有些地方把它作为绿肥基地的作物进行栽培,有些茶园的地边、地角等零星空地,也种植多年生绿肥作物。热带及南亚热带高温炎热地区茶园中种植的遮荫树,一方面遮荫,但枝叶也可做绿肥。不过它的主要作用是遮荫,因此,人们称它是遮荫树。近年来由于草业的发展,茶园生草栽培受到重视。它具有保土、免耕、省工本、肥园和改善生态条件等多种优点,因此,有些匍匐型和半匍匐型的多年生草本植物，被引进茶园进行生草栽培用，可作茶园及茶山种植的多年生绿肥作物，种类和品种就更多了。现将主要的品种资源及其分布简介如表3-3，可供种植时选用。

表3-3 茶园多年生绿肥作物品种资源及其分布

绿肥作物名称	科属	别名	株型	用途	主要分布地区
相思树	豆科	大叶相思	乔木	遮荫、肥用	广东、台湾等省茶区
合欢	豆科	夜合欢	乔木	遮荫、肥用	广东、台湾、广西、云南等热带地区
紫穗槐	豆科	棉槐、紫花槐	灌木	肥用、编织、固土、保坎	长江中、下游茶区及江北茶区
木豆	豆科	豆蓉、柳豆、扭豆、山豆	直立	肥用、遮荫	广东、云南、四川等省茶区
蓝花毛蔓豆	豆科	—	匍匐	保坎、护梯、保土	广东、广西、云南、海南等地茶区
海南毛蔓豆	豆科	—	匍匐	保坎、护梯、保土	广东、广西、云南、海南等地茶区
莸子梢	豆科	西南莸子梢、抗莸子梢	小灌木	肥用、饲用、护梯	云、贵、川等省产茶地区
红花锦鸡儿	豆科	金雀儿、黄枝条	灌木	肥用、保土、护梯	江北、江南茶区
绵阳羽扁豆	豆科决明属	—	小灌木	保土、护梯、肥用	四川省茶区
短叶决明	豆科决明属	地甘油	小灌木	保土、护梯、肥用	华南、四川、江南等茶区

续表 3-3

绿肥作物名称	科属	别名	株型	用途	主要分布地区
蝴蝶豆	豆科决明属	小叶藤、巨豆	缠绕	护坎、肥用、饲用	两广、西南茶区
马桑	马桑科	千年红马鞍、胡麻叶	爬地	护坎、保梯、肥用	江北、江南、西南茶区
假地兰	豆科猪屎豆属	荷猪草、黄花野百合	灌木草本	肥用	江南、华南茶区
苦罗兰	豆科猪屎豆属	宇字绿肥	灌木草本	肥用	江南、华南茶区
拿身草	豆科山蚂蟥属	味增草、小槐花	灌木草本	保坎、肥用、饲用	江南、华南、西南茶区
大叶山蚂蟥	豆科山蚂蟥属	大叶味增草	灌木草本	保坎、肥用、饲用	华南、西南茶区
稗豆	豆科山蚂蟥属	假地兰	灌木草本、直立	保坎、肥用、饲用	华南、西南茶区
绿叶山蚂蟥	豆科山蚂蟥属	假地兰	灌木草本、直立	保坎、肥用、饲用	热带茶区
野蚂蟥	豆科山蚂蟥属	千金不藤、假木兰	灌木	保坎、肥用、饲用	云、贵、川、两广等地茶区
银叶山蚂蟥	豆科山蚂蟥属	钩状山蚂蟥	爬地	保坎、肥用、饲用	两广、海南、云南南部茶区
铺地木兰	豆科木兰属	爬地兰、九叶木兰	爬地型草本	保坎、肥用	闽南、两广、海南、台湾等地茶区
绢毛胡枝子	豆科胡枝子属	野鸡草、铁扫帚	小灌木	护梯、保土、肥用	各省茶区

续表 3-3

绿肥作物名称	科属	别名	株型	用途	主要分布地区
美丽胡枝子	豆科胡枝子属	马扫帚	小灌木	护梯、保土、肥用	各产茶省
大叶胡枝子	豆科胡枝子属	普通胡枝子	灌木	护梯、保土、肥用、饲用	长江中、下游广大茶区
细梗胡枝子	豆科胡枝子属	斑鸠花	灌木	护梯、保土、肥用、饲用	江北、江南茶区
新银合欢	豆科	—	小乔木	遮荫、饲肥兼用，防风林	广东、广西、海南、台湾等地茶区
三叶草	豆科	牛角花、百脉根	草本、直立	肥用、饲用、护坎	云、贵、川、湘、陕、鄂等省茶区
大翼豆	豆科羽扇豆属	黄白花鲜滨豆	匍匐	肥用、饲用、护坎	广东、广西、云南、江西、台湾等地茶区
无刺含羞草	豆科含羞草属	—	匍匐	护坎、保梯、饲.肥兼用	广东、广西、海南等地茶区
葛藤	豆科葛藤属	葛根、葛条	蔓生	保土、护梯、肥用	江南、华南茶区
刺槐	豆科	洋槐	乔木	肥用、绿化、防风、护坎	江北茶区
冬麻豆	豆科	—	灌木	防风、护坎、肥用	云南、川南茶区
地槐	豆科	苦参、山槐子、苦刺	小灌木、爬地生长	肥用、保坎、护梯	各茶区
山毛豆	豆科	灰叶豆	小灌木、直立	保土、护梯、肥用	广东、广西、海南、福建、台湾

续表 3-3

绿肥作物名称	科属	别名	株型	用途	主要分布地区
紫花灰叶豆	豆科	野青子	小灌木、直立	保土、护梯、肥用	广东、广西、海南、福建、台湾
假乌豆	豆科	狐狸射草、黄毛灰叶豆	小灌木、直立	保土、护梯、肥用	广东、广西、海南、福建、台湾
黄华	豆科	小叶野决明	草本丛生	肥用、护坎	浙江、江苏、陕西等地
杂三叶草	豆科三叶草属	—	匍匐型	肥用、饲用、护坎、保梯	江北茶区
白三叶草	豆科三叶草属	白车轴草	匍匐型	肥用、饲用、护梯、幼年茶园间作	江南茶区，云、贵、川及江北茶区等
大叶草藤	豆科巢菜属	芦豆苗、假香野豆	蔓生	肥用、饲用、护坎	各茶区
草豆	豆科巢菜属	两叶豆苗、歪头菜	蔓生	肥用、饲用、护坎	四川、云南、贵州、湖南、湖北、甘肃等地茶区
楹树	豆科	托叶楹树	乔木	遮荫、肥用	广东、广西、海南等地
牛尾草	禾本科	高羊毛草	丛生	护坎、保梯、肥用	江北茶区
坚尼草	禾本科	大黍	多年草本、丛生	护坎、保梯、肥用	各茶区
象草	禾本科	紫狼尾草	多年草本、丛生	护坎、保梯、肥用	长江中、下游及云贵川产茶省
百喜草	禾本科	日本草	多年草本、丛生	护坎、保梯、肥用	长江中、下游广大茶区

续表 3-3

绿肥作物名称	科属	别名	株型	用途	主要分布地区
知风草	莎草科	随风倒、青管草	多年草本、丛生	护坎、保梯、肥用	长江中、下游及华南茶区
肿柄菊	菊科	金光菊、臭菊	直立	肥用、护梯	长江中、下游及华南茶区
飞机草	菊科	—	直立	肥用、护梯	广东、广西、海南茶区
万寿菊	菊科	—	直立、草本	驱虫、肥用、护梯	长江中、下游及华南茶区
苍术	菊科	—	小乔木	驱虫、肥料、护梯	长江中、下游及华南茶区

多年生绿肥作物大多都以野生为主，适合茶园周边种植的多年生木本或草本植物还有很多，有待进一步挖掘。目前，不少地方结合茶园绿化、造林、种行道树等活动，挖掘出许多对茶园害虫具有驱赶作用的多年生植物，用其枝叶作肥料被称之为“茶园驱赶性绿肥”，如山苍、银杏、苦皮藤、苍术、天名精、断肠草和毛杜鹃等。这也是一种新的尝试，它们对造就茶园多样性的生态环境和提高茶园对病虫防范的自然调控能力，将会起到良好作用。

三、我国茶园绿肥作物品种资源的特点

（一）多样性

我国是茶园绿肥作物种植和利用最早的国家，也是茶园绿肥

作物品种资源最丰富的国家。众多的茶园绿肥作物品种显示出我国茶园绿肥作物品种资源的多样性。从植物学上来讲，有豆科、禾本科、十字花科、菊科、蓼科、茜草科、莎草科和马桑科等；从植物学特性来讲有木本的、草本的等；从株型上来讲，有乔木型、灌木型、直立型、半直立型、匍匐型、藤蔓型和卷须型等；从生长时间来讲，有春播夏长的，有夏播秋长的，有秋播越年生的，还有多年生的等；从其用途来讲，有作肥料用的，有作覆盖用的，有作护坡用的，有作绿化用的，有作遮荫用的，有可肥饲兼用的，有驱赶病虫用的等。茶园绿肥品种资源的多样性，为茶园绿肥的合理选择提供了极为有利的条件，这也是我国茶园推广绿肥的一种优势。我国茶园类型繁多，可以种植绿肥作物的，有新垦地幼龄茶园、台刈改造茶园、改种换植茶园、间作茶园、荒芜茶园、丛栽稀疏老茶园、生草栽培茶园，以及茶园周边的空地、梯坎和荒坡等。不同类型茶园及其周边需要种植不同类型的绿肥作物，才能取得丰厚的种植效益。人们可以通过各种方法和途径从众多的绿肥作物品种中，选择合适的品种，通过引种试种达到推广应用的目的。

（二）适 应 性

我国茶园绿肥作物品种和种类虽然丰富，而且有很明显的多样性，但各种绿肥作物的生物学特性、植物学特征以及它们生长发育对外界条件的要求各不相同，表现出对环境明显不同的适应性。从总体上讲，其中对温度的适应性差异最明显，有些绿肥作物只能适宜在气温高的地区生长，而在气温低的地区就会被冻死，而有的绿肥作物却能忍受－20℃的低温而不死，差异性极大。其次是对水分条件的适应能力差异也极大，有些绿肥作物只能在水分条件良好的地方生长，如紫云英就属其列；有的可适应干旱地区生长，如紫穗槐在沙层含水率2.5％～3.0％的情况下仍能生长，而在这种水分条件下，其他茶园绿肥作物早已干枯。另外，茶园绿肥作物对光照适应性的差异也较为明显。有的适宜强光照，阳光越强它生长越好；有的却十分耐阴，可以在茶丛下生长。而对土壤的适应能力表现较为一致，作为茶园绿肥作物都十分耐酸，耐瘠，对土壤有广泛的适应性。

鉴于茶园绿肥作物不同适应性的特点，在我国热带茶区只能选种耐高温、耐强光的绿肥作物，在江北茶区只能选种耐低温、耐冻害的绿肥作物。在江南茶区可选种的绿肥作物品种，比江北和华南茶区要宽广得多。由于茶园绿肥作物品种表现有明显的适应性，从而使我国茶园绿肥适种性表现出明显的区域性，在同一区域内的绿肥作物，相互引种试种，成功率将会更高。了解茶树生物学特性及其生长对外界光、热、水、肥、土等条件的反应和适应能力，对合理选择和科学栽培茶园绿肥作物，具有重要意义。

（三）兼用性

我国的茶园，过去以间作茶园为主，间作物有粮、油、豆、薯作物等。后来，间作茶园逐步变为专业茶园，间作物也逐步演变为茶园绿肥作物。因此，我国茶园绿肥作物至今都带有浓厚的间作物的色彩。这些作物不仅可以作绿肥，而且都是兼用性的作物，有许多绿肥作物又可作为粮、菜、油、饲等作物使用，专一性的只作肥料而不能作粮、饲用的作物，实际上并不多。我国茶园绿肥作物兼用性的特点，使茶园间作绿肥作物之后，大大增强了茶园的应变能力，同时也大大提高了茶园的经济效益，即使万一由于某种原因使茶苗受害而死亡，而间作的绿肥作物却可作为粮、饲作物进行收割而弥补损失。同时，茶园及茶园周边大力提倡绿肥作物的种植，可促进当地养殖业的发展，对提倡茶场养猪、茶园养鸡、茶山放蜂等提供了饲源和蜜源的条件，对促进山区多种经济的发展十分有利。我国茶园绿肥作物之所以久而不衰，源远流长，这与我国茶园绿肥作物一物多用的特点有很大关系。如何发挥茶园绿肥作物一物多用的特点，搞好茶园绿肥作物的种植和利用，是今后我国广大茶区发展生态农业和茶叶生产可持续发展的重要课题。

（四）栽 培 性

在我国众多的茶园绿肥作物品种资源中，有栽培型的，也有野生型的，还有从国外引种试种后发展起来的。也就是说，每种茶园绿肥作物在长期种植过程中，已形成有一套较为完善的科学栽培技术，只有按照这种栽培技术进行栽培和管理，才能得到高产、优质的种植效益。否则，不仅不能高产、优质，还会起到不好的作用。即使是原为野生的绿肥作物品种，引进茶园之后，也要在科学栽培和精心管理的条件下，才能生长良好。因为茶园绿肥是一种作物，不是任意生长的杂草，无论是种在茶园中，还是种在梯坎上，或是种在茶园的地边、地角处，都必须按它的栽培学原理，进行栽培和管理，不能随便种植。有人认为“绿肥就是杂草，随便种种就可以了”；也有人认为“绿肥是肥料，怎么种都能长得好”。这是十分错误的，抱着这种想法去引种茶园绿肥作物，其结果都会失败。其失败原因并非绿肥作物品种自身的不适应，而是栽培技术没有跟上。也就是说没有按它的生物学特性和对外界条件的要求进行合理种植和科学管理的结果。由于我国茶园绿肥作物大多都是栽培型的，绿肥栽培学特征表现明显，按不同绿肥作物的栽培原理进行科学栽培，是解决绿肥作物与茶树之间争地、争光、争肥、争水、争劳力矛盾的重要途径，也是茶园种植绿肥作物成败的关键所在。

第四章　茶园绿肥作物选择的依据和栽培技术要点

要想在茶园中种好绿肥作物，首先必须选择好适宜的绿肥作物品种，然后进行科学的栽培和管理。在选择茶园适宜的绿肥作物品种时，要根据绿肥作物的生物学特性、当地的气候条件、茶园土壤肥力状况、茶园种植方式和茶园类型等几个因素进行选择。栽培管理茶园绿肥作物时，必须掌握其关键技术的控制点，因为茶园绿肥作物品种具有多样性，各自都有不同的栽培学特点。但是，它们之间又都有共同点，这些共同点也正是茶园绿肥作物科学栽培关键技术的控制点。

一、茶园绿肥作物品种选择的依据

（一）根据绿肥作物品种的特性进行选择

茶园绿肥作物品种很多，特性各异。在茶园种植绿肥作物前，第一，要了解各种绿肥作物品种的特征、植物学特性、生物学特点及其生长发育对外界环境条件的要求等，然后选择该茶园所需要的适合品种。茶园绿肥作物品种的植物学特征表现也是多方面的。如绿肥作物的株型是茶园绿肥作物品种选择的重要参考因素之一。不同的株型适宜不同茶园种植。如高秆深根系绿肥作物，适宜干旱、高温地区 1～2 年生幼龄茶园作遮荫物间作，也可作茶园种茶前的先锋作物种植，或者作茶园绿肥基地的绿肥作物种植。匍匐爬地型的绿肥作物，可作幼龄茶园生草栽培和坡地茶园固土栽培。第二，绿肥作物的生物学特性表现也是多方面的。绿肥作物对环境的适应性，是选择绿肥作物品种时最重要的一个指标之一。例如紫云英耐旱、耐瘠能力低，只能在水肥条件较好的茶园中种植，而在旱、瘠新垦茶园中生长将很差，一般不宜种植；而大叶箭筈豌豆，抗旱、抗瘠能力强，紫云英不能生长的茶园，它却能正常生长。第三，绿肥作物的耐割性也是绿肥作物品种选择时必须要考虑的另一个重要因素。为了解决绿肥作物与茶树生长之间的矛盾，以及充分利用绿肥作物的茎叶，就必须选择耐刈割、再生能力强的绿肥作物品种。有的茶园绿肥作物不需要刈割，而是一次性直接埋青，这就必须选择生长期短的品种。第四，绿肥作物的养分含量也是茶园绿肥作物品种选择要考虑的另一个指标。茶园绿肥作物，无论是作肥料、草料或是作饲料，一般都要选择养分含量高，尤其是要选择能固氮的豆科绿肥作物。但有些高香品种的茶园则需要选择富钾绿肥作物品种，以提高茶园土壤的钾含量，有利于茶叶品质的提高。有的茶园因有效磷含量低，则需要选择能解磷的绿肥作物，以解决茶园有效磷含量低的问题。第五，绿肥作物的栽培学特性，在进行茶园绿肥作物选择时也十分重要。有些绿肥作物品种，既可作春播夏季绿肥作物种植，又可秋播作冬季绿肥作物种植，如豌豆、苕子、蚕豆和油菜等，都具有这一特性。有些绿肥作物既可以作多年生栽培，也可以作越年生栽培，又可以作一年生栽培，如木豆、三叶草、爬地木兰等。第六，在选择绿肥作物品种时，还要考虑绿肥作物的可利用性。因为茶园绿肥作物不仅要种好，还要利用好，所以它的可用性在绿肥作物选择中也十分重要。有的绿肥作物叶、茎、种对人畜有一定的毒性，只能作肥料用，如大叶猪屎豆就是其中之一。有的绿肥作物的种子有一定的毒性，经过处理才可食用和作饲料，如箭筈豌豆就是这样。有的绿肥作物不仅可作肥料，又可作饲料，也作杂粮，如乌豇豆、绿豆、竹豆和黑毛豆等就是其例。当然，在进行茶园绿肥作物选择时，所要考虑的绿肥品种特性还很多，如它是草本的还是木本的，它的病虫害与茶树病虫害的关系，以及绿肥的茎叶比、绿肥分枝习性、根系分泌物、根瘤特点、最适播种期、开花期、结实率、茎叶的氮碳比等特性，都与茶园绿肥作物的种植效果有着密切的关系。因此，在茶园种植绿肥作物时，必须对各种绿肥作物的生物学特性、植物学特征及栽培学特点等，都要作全面的了解，然后根据它们的不同特性，选择最适合本地茶园种植的绿肥作物品种进行试种。这与茶园施肥中要看肥选肥的道理是一样的。

（二）根据茶区气候特点进行选择

我国茶区辽阔，南自北纬 18°附近的海南榆林，北至北纬 38°附近的荣成，东起东经 122°的台湾东海岸，西至东经 95°附近的西藏易贡，幅员约 260 万平方公里。可分为华南茶区、江南茶区、江北茶区和西南茶区四个茶区。它跨越暖温带、北亚热带、中亚热带、南亚热带、边缘热带和中热带的六个气候带。这四个不同的茶叶生产区域，气温、雨量、日照、生态各不相同。就是在同一区域内，也由于地形不同，气候条件也千差万别。绿肥作物作为一种生物体，对不同气候条件的适应性是不同的。因此，要想种好茶园绿肥作物，各茶区还要根据当地的气候条件和绿肥作物对环境条件的适应性，选择好适宜当地种植的绿肥作物品种。例如，我国华南茶区属热带和南亚热带季风气候，茶树地上部几乎全年都处于生长状态，但当地雨水多，暴雨率高，保土、防晒、防高温是茶园管理的主要任务之一。因此，对于这个茶区一些耐高温的爬地木兰、木豆、毛蔓豆、蝴蝶豆、白花灰叶豆、印度豇豆、大绿豆、柱花草、无刺含羞草和象草等，应该是首选的对象。而这些绿肥作物在江北茶区因气温低而无法种植，就是种了也因气温低而生长不良，多年生的还会被冻死。江北茶区，茶树生长只有 6 个月，另外 6 个月地上部处于休眠状态，茶树冻害较重，越冬防冻保苗成为茶园管理的主要问题之一。因此，一些抗寒能力强的苕子、肥田萝卜和绛三叶草等冬季绿肥作物间作后，具有缓解温度激变，对防止冻土和提高土壤温度有良好作用，可保护茶苗安全越冬，能提高茶苗的成活率，应是首选的绿肥作物品种。我国西南茶区因地形条件复杂，气候多变，昼夜温差大，选择绿肥作物应考虑既抗寒、又抗热的适应性强的绿肥作物品种，如箭筈豌豆、光叶苕子、黑麦草、高丹草等就有这种特点。特别是该茶区的贵州省是“天无三日晴”的地方，雨水多，日照少，一般茶园无须种植遮荫树，高秆具有遮荫效果的绿肥作物，不一定能发挥种植的应有效果。相反，一些爬地型、匍匐型的绿肥作物品种，可以发挥保土、防冲的作用，更适合该地山区茶园种植。江南茶区气温温和，雨水充沛，茶树 10 月份后地上部分才停止生长，次年 2～3 月份又开始萌发，因此，对茶园绿肥作物品种选择的自由度很高，可选用的品种也很多，大部分多年生绿肥作物，春播夏季绿肥作物和秋播冬季绿肥作物，在该茶区的大部分茶园，都有很强适应性。但是，该地区 6～7 月份的“梅雨天”是茶树和绿肥作物最适生长季节，而 7～8 月份却是高温干旱的伏旱天气，在选择绿肥作物品种时，不得不考虑这两个特殊季节中茶园绿肥作物对茶树生长的影响。另外，在我国东南沿海地区，是台风和暴雨多发地区，一些有挡风作用的绿肥作物和树种，被选择做防风林，既防风，又作绿肥用，这是常有的事。而一些护坎、保梯的绿肥作物，也是这些山区坡地和梯地茶园首选的绿肥作物。总之，要想种好茶园绿肥作物，就必须根据当地气候特点，选择适宜当地茶园种植的绿肥作物，也就是茶农们所说的要“看天选肥”。

（三）根据土壤肥力条件进行选择

我国广大茶区不仅气候条件复杂多变，茶园土壤类型繁多，肥力水平也千差万别。据资料介绍，我国茶园土壤的类型，有棕壤、黄棕壤、黄褐土、红壤、黄壤、赤红壤、砖红壤、高山草甸土、潮土及紫色土等。不同类型土壤的肥力水平和性质差别很大，就是同一类型的土壤，其肥力水平也有高、中、低之分。茶园绿肥作物对土壤的适应能力虽然很强，但对土壤肥力条件反应仍较为敏感。因此，茶园种植绿肥作物时，还要根据不同茶园土壤类型和肥力水平选好绿肥作物品种，才能种好绿肥作物，达到高产优质的目的，发挥茶园种植绿肥作物的应有效果。例如，高山草甸土茶园和潮土茶园，由于土壤肥力水平较高，水分条件较好，应尽量选择紫云英、黄豆和黑毛豆等品种。这些品种对土壤肥力水平要求较高，而且绿肥质量也较好，容易获得高产优质的种植效果。而对于一些砂性很重的砂土茶园，容易造成水土流失，应选择一些爬地型或匍匐型的绿肥作物品种，其中伏花生在江北和江南茶区应是首选的绿肥作物之一。其次是黄花耳草、饭豆和白三叶草等。砂壤土茶园在华南茶区应选爬地木兰和毛蔓豆等。坎边土壤肥力水平低，土性差，易被冲刷，要选择固土能力强的绿肥作物品种，如知风草、百喜草、爬地木兰和紫穗槐等。对于那些第四纪红土母质发育的低丘红壤和黄壤茶园，其酸、板、瘦、实特点为一体，理化性质差，群众称这些茶园土为“死黄泥土”、“红筋泥”和“黄筋泥”等，其性质是“天晴一把刀，下雨一团糟”，增加土壤有机质，改良土壤理化性质，是茶园土壤管理的主要任务。因此，绿肥作物也要力求选择耐旱、耐瘠、耐酸、根系发达、纤维素含量高的一些高产绿肥作物，如柽麻、大叶猪屎豆、肥田萝卜、羊角豆及龙爪稷、黑麦草和高丹草等。据中国农业科学院茶叶研究所早期研究，在低丘红壤茶园中种植田菁，对改良这类茶园土壤理化性质效果十分良好，可予以选用。此外，对于土壤碳氮比不同的茶园，也要选择不同的绿肥作物进行种植。例如对于土壤 C/N 值较低的茶园土，应选择木质素含量较高的绿肥作物，如非豆科的黑麦草、龙爪稷、燕麦和满园花等。它们的 C/N 值高（>20），在绿肥分解过程中有利碳的积累，从而可提高土壤的 C/N 值，以便有利于土壤有机质的积累。对于土壤 C/N 值较高的茶园土，应选择 C/N 值低的绿肥进行种植，有利于土壤氮素的积累。如紫云英、蚕豆等 C/N 值均只有 15 以下，在绿肥分解过程中释放的氮高，残留的碳低，有利于土壤碳氮的平衡和肥力的提高。不同绿肥作物的碳氮比例如表 4-1 所示，可对照茶园土壤碳氮比进行选用。

表 4-1　茶园土壤和绿肥作物的碳氮比 *

绿肥和茶园土	绿肥作物									茶园土壤一般的碳氮比
	苕子	蚕豆秆	箭筈豌豆	紫云英	田菁	柽麻	黑麦草	龙爪稷	满园花	
C/N	30.5	11.8	12.6	14.7	14.8	24.5	28.6	29.7	30.4	8～15

* 部分引自林心雄资料

此外，针对土壤的磷、钾含量情况，也可以选择不同绿肥作物进行改善。例如有效磷含量低的茶园土，应选择在低磷条件下能富集磷素的绿肥，如豇豆，尤其印度豇豆就有这一特点，它的含磷(P_2O_5)可高达 10 克/千克左右，可比其他绿肥作物高 0.5～1 倍。对有效钾含量比较低的土壤，尤其是有效钾含量在 80 毫克/千克以下的低钾土壤，可选择能耐贫钾而又有富集钾作用的绿肥作物，如肥田萝卜、油菜和金光菊等。意大利黑麦草在盛花期有效钾(K_2O)含量可高达 35～40 克/千克，是其他绿肥作物含钾量的好几倍。1 000 千克的意大利黑麦草，可从土壤中富集 35～40 千克的氧化钾，相当于 70～80 千克的硫酸钾，对于改善有效钾含量具有重要的作用。

另外，值得一提的是茶树与 VA 菌根共生特性与绿肥作物的关系。茶园土壤中有许多真菌，能侵入到茶树根系形成 VA 菌根，促进茶树对矿物质的吸收。有些茶园土由于多种原因使这些真菌不易侵染茶根。但如果茶园间作三叶草属的豆科绿肥作物，由于它的根分泌物可提高菌根浸染率，因此，对于一些菌根浸入率低的茶园土，可考虑多选择三叶草属豆科绿肥作物，提高茶树的 VA 侵染而形成菌根，促进茶树对土壤难溶性的磷、镁、锌等矿物元素的吸收和利用。总之，根据茶园土壤条件，选择绿肥也是茶园种好绿肥作物的重要技术问题，正如茶农们所说的茶园绿肥也要“看土选肥”。

（四）根据茶园类型进行选择

茶园绿肥作物主要种在茶园里，不同的茶园类型对绿肥作物品种有不同的要求。但是茶园类型很多，分类方法也不一致。按树龄来分，有幼龄茶园、成龄茶园和老茶园等；按地形条件来分，有平地茶园、坡地茶园和梯田茶园等；按种植方式来分，有丛栽茶园、条栽茶园和密植茶园等；按树冠管理方法来分，有定型修剪茶园、留养茶园、台刈改造茶园和采摘茶园等；按品种来分，有大叶种茶园和中小叶种茶园等；按卫生质量安全标准来分，有无公害茶园、绿色食品茶园和有机茶园等。还可以按土壤、产量等来分，但是与绿肥作物种植有关的，主要是幼龄茶园、台刈改造茶园、不同地形条件的茶园和不同种植方式茶园等。例如就幼龄茶园来说，1 年生的幼龄茶园，无论是种子直播的或是扦插苗移栽的，当年一般都要遮荫，以防茶苗因强光的暴晒而枯焦。遮荫方法有种绿肥作物、插松枝和草茬等，其中种绿肥作物遮荫的效果最好。所种植的绿肥作物应选择高秆披展形的品种，如木豆、田菁和柽麻等较为合适。2 年生幼龄茶园，一般茶苗的成活关已过，茶苗开始生长，应选择肥效好、茎叶容易分解、株体中等的矮生型和半匍匐的绿肥作物，如乌豇豆、黑毛豆、豌豆、蚕豆和箭筈豌豆等为好。3 年生幼龄茶园，茶树通过定型修剪已向外扩张，行间已逐步缩小，高秆和株体大的绿肥作物容易造成“三争”矛盾，因此最好选择株体小或爬地型与匍匐型的绿肥作物，如白三叶草、苕子、黄花苜蓿和紫云英等。最近，浙江省农业科学院草业中心推广的新品种紫花苜蓿，在 3 年生幼龄茶园中间作，效果十分良好。4 年生幼龄茶园，由于行间空间已缩小，因而一般不间作绿肥。如果茶树长势较差，空间仍较大时，则还可以选择种植铺地型的绿肥。对于台刈改造的茶园，无论是春茶前台刈，或是春茶后台刈的，当年可以选择高秆型的绿肥，以保护当年抽发的幼芽，但第二年一般都不适宜选择高秆绿肥作物，而应选择矮生型或半矮生型和爬地型绿肥作物较为合适。春茶后深修剪或重修剪的茶园，行间仍有空间，但空间较小，持续时间很短，可以，利用短暂的时间和空间种植速生乌豇豆。据中国农业科学院茶叶研究所改造"十八亩"高产茶园的试验，春茶后深、重修剪茶园间作爬地生长的黄花耳草，可取得良好效果。对于采摘的丛栽老茶园来说，有的是棋盘式的，种植比较规范，有的缺株比较多，茶树生长势较差，空间比较大，都可以间作绿肥作物。但由于茶季要采茶，所以一些时空较少的老茶园应以选择秋播冬季绿肥作物为主；而一些有较大行间的老茶园仍可春播夏季绿肥作物。对于那些"一年两头剪"、"三年一台剪"的低产茶园，春茶采收并重剪以后不再采茶，应选种夏播秋埋的绿肥作物，如速生乌豇豆，黄豆中的"八月白"、六月豆、饭豆和小绿豆等，都是这些茶园的好绿肥作物。就坡地幼龄茶园来说，保土是茶园土壤管理的中心任务，应选择爬地型为主的绿肥作物。如第一年需遮荫保苗的，可选择高秆绿肥作物和匍匐型绿肥作物混播，以收到双重效果。还有原来是与粮食或蔬菜间作的非专业茶园，间作物中最好有豆科作物，可以采用豆、粮、茶间作，或豆、菜、茶间作，以提高茶园生物多样性和土壤的生物活力。当然，茶园类型还很多，因园制宜选好最佳适种绿肥作物品种，是茶园种好绿肥作物的重要环节。

总而言之，茶园要想种好绿肥，首先必须选择好适种的绿肥作物品种。在进行茶园绿肥作物品种的选择时，既要做到根据绿肥品种的生物学特点和植物学特性，"看肥选肥"，又要根据当地的气候特征，做到"看天选肥"，也要根据土壤类型和肥力水平，做到"看土选肥"，还要根据不同茶园类型，做到"看园选肥"，因地制宜，合理选择，科学种植。只有这样，才能扬长避短，充分发挥茶园绿肥作物的种植效果。

二、茶园绿肥作物栽培的关键技术

茶园绿肥作物品种虽然很多，栽培管理方面也各不相同，但它们在栽培中的关键控制点是一致的。这些共同点主要是妥善处理种子，不误农时及时播种，因地制宜合理密植，以磷增氮，以小肥养大肥，根瘤菌剂拌种、提高固氮能力，及时除草保苗促苗，及时台割、合理疏枝、防止“三争”，综合防治病虫害、争取高产等。这些都是茶园绿肥作物高产优质、高效栽培的关键技术。

（一）妥善处理种子，提高发芽率

豆科绿肥作物中由于遗传学的原因，有许多种子在成熟过程中其种皮常常会形成一层不易透水的角质层。这是一种坚韧致密、透水性很差的蜡质性物质，即使在热水条件下也不易吸水膨胀，而使种子处于坚实状态。这些种子被称之为硬实粒种子。茶园绿肥作物中，有许多品种的种子硬实率都很高(表 4-2)。这些种子需要通过各种处理之后，才能使它快速吸收水分而发芽。有些豆科绿肥作物，如黄花苜蓿等品种，其种子外面的荚果由于带有粗糙硬质刺毛，很难把它脱去，带荚直接播种吸水性很差，种子不易发芽。此外，如禾本科的百喜草等，种子种皮坚硬，十分硬实，如不作必要的处理也很难吸收水分，致使种子在土壤中长期处于休眠状态而不发芽或迟发芽，从而影响出苗率。这些种子需作必要的处理后，才能播种。

表 4-2　茶园主要绿肥作物种子硬实率情况

绿肥作物名称	紫穗槐	田　菁	白三叶草	柽　麻	饭　豆	绿　豆	紫云英	黄花苜蓿	蓝花苕子	箭筈豌豆
种子硬实率(%)	40～80	15～50	20～40	5～10	2～4	3～5	10～15	8～30	8～15	5～15

播种前，进行绿肥作物种子处理的方法很多，主要有以下几种：

第一是机械破皮。就是采用一些机械的方法，使带壳的种子和硬实的种子去壳破皮。如采用加沙子在石舂中舂碾，或加沙子在石碾中碾磨，把种子壳荚和种皮磨破。这样破皮后就可以加速种子吸水膨胀，促进发芽，但碾磨时动作要轻，不要伤及胚芽。

第二是清水浸泡。在种子下种前先用常温水浸泡一段时间，当种子吸胀后及时下种。这对于一般硬实率不高的绿肥作物种子是十分有效的，但对于硬实率高和种子皮蜡质层坚硬的种子效果仍不明显，并不实用。

第三是温水浸泡。就是在绿肥种子下种前，先用 40℃～50℃ 的温水浸泡，当大部分种子皮层吸收水分，失去光泽，并出现皱纹后把它捞出，放置常温下风干 2～3 小时，发现有未发皱的种子把它选出，再用温水浸泡，已吸胀的种子先播种下土，第二次浸泡后吸胀的种子后下种，分批播种。

第四是用热水浸种。就是用水温为 80℃～90℃ 的热水浸种数分钟后，再把它转移到常温的水中浸泡，使它吸胀后再下种。这对于硬实率高而种皮坚硬的绿肥种子有良好效果。据浙江农业大学试验，田菁种子用 90℃ 的热水泡 5 分钟后，转到 15℃ 水中再浸泡 10 分钟，硬实率从原来的 30% 下降到 5% 以下，发芽率大为提高。另据广东湛江地区茶叶土特产公司试验，茶园遮荫树托叶楹播种后要经 1～2 个月才能陆续发芽，而用 80℃～90℃ 热水处理 10 分钟后下种，无论是种子的发芽率及以后的生长都有提高（表 4-3）。但在 100℃ 热水中浸泡发现有死种的出现，反而降低了种子的发芽势和出苗率。

第五是采用激素和生长素处理。有许多激素及生长素等药物，对绿肥作物种子也有打破休眠的作用，如吲哚乙酸、赤霉素、芸苔素内酯及其他发酵液等，不仅能促进植物生长，也能激活种子发芽过程中的酶活性，有促进种子发芽的作用。但是，不同绿肥作物

品种的种子，对不同生长素和激素的反应是不同的；就是同一种绿

表 4-3　温水处理对托叶楹种子发芽及苗木生长的影响　（李启南）

浸种处理		不浸种	浸种温度								
		（对照）	24.3℃	30℃	40℃	50℃	60℃	70℃	80℃	90℃	100℃
出苗率（%）		78.0	78.9	81.4	79.2	86.6	87.0	88.2	90.4	91.2	63.8
播种后百天的苗情	苗高（厘米）	19.7	19.3	20.9	24.4	27.8	30.7	32.6	27.4	25.8	14.3
	根长（厘米）	22.5	22.9	22.9	25.9	28.7	28.7	31.1	27.6	25.4	19.3
	地上部重（克/株）	1.8	1.8	1.9	2.4	2.5	3.2	3.9	2.9	2.7	1.9
	地下部重（克/株）	0.9	0.9	0.8	1.2	1.2	1.9	1.5	1.3	1.4	1.1

肥作物种子对同一种激素或生长素的不同浓度溶液的反应，也有很大的差异。有的高浓度的有可能会起到抑制作用，低浓度的有可能起到促进作用，有的却是相反的，要进行实际试验后才能采用。目前，在生产中应用的实例还不多，仍要通过更多的实际试验，才能正确的加以采纳。

但必须指出，用常温水或温水或是热水浸泡，或是用激素溶液等浸泡的种子，必须及时下种，不能长期搁置不下种。否则，种子会失去发芽能力。在播种时，土壤墒情要好，土壤干旱，水分不足，已吸胀的种子从土壤中吸收不到足以发芽的水分，也会失去发芽能力。所以发现干旱要及时浇水，保持土壤墒情。

（二）不误农时，及时播种

茶树生长季节性强，茶园绿肥作物播种时间不仅直接影响绿

肥作物生长、产量及质量，同时也关系到茶树生长、茶园农事管理，以及以后绿肥作物利用的时间、方法和效果。

在我国广大茶区，当茶树地上部停止生长时，茶园开始封园。封园前，农事活动多，如深耕、施越冬肥、喷施农药石硫合剂等。人员进行农事活动踩踏地面时，行间会对间作的绿肥作物出苗及生长造成负面影响。因此，茶园秋播冬季绿肥作物要在农事活动结束后及早进行。播种太迟，出苗晚，幼小的肥苗抗寒能力低，越冬效果差，不易全苗和壮苗，尤其对于一些冬天气温低并有冬旱的茶区更是如此。但对于农事结束较早的茶园，冬季绿肥作物也不能太早播种。否则越冬前绿肥作物长得过快过大，植株幼嫩，抗寒能力低，抗逆性差，与空气接触面积也大，苗大容易“招风”受冻，尤其是在多西北风的高山茶园更是如此。所以，适时播种对于茶园秋播冬季绿肥作物是十分重要的。据中国农业科学院茶叶研究所有机茶研究与发展中心，在浙江省上虞和余姚高山有机茶园中试验，蚕豆在 9 月 15 日播种，到翌年 1 月 15 日苗高 15～20 厘米，受冻率达 27%～32%；而 10 月 15 日播种的，到翌年 1 月 15 日苗高只有 10～15 厘米，受冻率只有 5.2%～16.3%。而再推迟到 11 月 15 日播种，到翌年 1 月 15 日苗高则只有 5～8 厘米，受冻率又升高，达到 9.6%～28.4%。其他冬季绿肥作物也有类似的情况。这就说明，对茶园秋播冬季绿肥作物来说，适时播种可以减少受冻率，对于安全越冬效果有十分重要的意义。由于绿肥作物幼苗的越冬效果，不但直接影响到开春后的返青生长，同时也影响绿肥作物的产量和品质。只有绿肥作物幼苗越冬效果好，春天返青生长才快，绿肥才会高产优质。

对于春播夏绿肥作物，播种时期是否适时，对绿肥作物生长也有较大的影响，还会影响到与茶树的生长关系和绿肥利用的时间。我国长江中下游广大茶区，茶树一般于 3 月上中旬开始发芽，春茶前幼龄茶园的农事活动很多，如修剪、施催芽肥等，有的幼龄茶园春茶还要“打头采茶”做名优茶。这时，管理和采茶人员在茶园中的频繁活动，踩踏土壤对播下的绿肥作物种子的发芽和生长，都有很大的不利影响，所以必须在春茶农事活动结束后及早播种。对于不同的绿肥作物，要考虑它的生长特点和对它的利用情况。例如据皖南低丘地区经验，在幼龄茶园间种田菁和柽麻等作遮荫时，在当地时间选择 4 月中下旬至 5 月上中旬播种，按它生长期可在 7 月上旬进行刈割作土壤覆盖。到 7 月下旬、8 月上旬时，正是伏旱期，再生植株可长到 1.0～1.6 米高，分枝可形成伞形枝秆，起到遮荫作用。这样，绿肥作物便起到覆盖、遮荫、肥田的多种作用。另外，有些春播夏季绿肥作物生长期较短，一年可播二次。如速生乌豇豆就是其中之一。这就要很好安排播种时间，设法使第一茬乌豇豆埋青或作覆盖后，能对第二茬乌豇豆的播种发芽起到保护作用。

此外，茶园绿肥作物的抢季节播种，也是增加茶园绿肥作物产量，提高绿肥作物种植效果的重要措施。据湖南省岳阳黄沙街茶场试验，利用不同绿肥作物的生长特性抢季节播种，一年可种三季绿肥作物，667 平方米产绿肥可达 5 000 千克以上。具体做法是，幼龄和稀疏老茶园于 10 月初结合秋深耕，播种秋季冬绿肥作物满园花，到第二年 4 月上旬满园花盛花期，结合春耕除草进行埋青，这时青肥产量可达 2 500～3 500 千克。埋青后及时播种早黄豆，可在进入花荚期时进行埋青，667 平方米产青肥可达 1 000～1 500 千克。第二次埋青后，再及时播种速生绿豆或饭豆，到 9 月上中旬又可进入花荚期，其产量可达 1 000～1 500 千克，可结合秋冬施肥埋青。试验茶园经间作 3 季绿肥作物之后，茶树高幅度增加 24%，茶叶产量增加 21%以上，效果十分明显。这足以表明，不误农时，及时播种对茶园种好绿肥作物的重要性。再如像匍匐保土型的绿肥作物，在坡地茶园中种植时，其主要目的是保土防冲刷，因此，播种后必须有足够的时间让其生长，使它在雨季，尤其是暴雨多发季节，能形成土壤覆盖草层，才能达到种植效果。所以，茶园绿肥作物播种时间,要按当地茶园农事和农时及时播种,才能获得高产、优质和高效益。现将我国四大茶区冬、夏绿肥作物较适播种期列于表 4-4,以供参考。

表 4-4 茶园绿肥作物播种期参考

茶 区	种 类	
	秋播冬季绿肥作物(日/月)	春播夏季绿肥作物(日/月)
江北茶区	5/9～25/9	15/4～20/5
江南茶区	10/9～5/10	25/3～25/4
西南茶区	5/9～15/10	15/3～15/5
华南茶区	25/9～10/11	15/2～15/3

(三)抗寒、抗旱保全苗

茶园冬季绿肥作物在栽培管理中,防寒防冻,争取安全越冬,是绿肥作物高产优质的重要环节。适时播种虽然是争取安全越冬的措施之一。但在栽培中还可以因地制宜地采取相应的措施安全越冬。在我国江北茶区、江南茶区和西南茶区的高山茶园,因气温低,茶园每到"三九"隆冬时常有冻土出现。因为茶园每到冬天表土温度常常比心土和底土温度低,夜间表土温度下降快,由于饱和蒸汽压的下降,因此,心土层和底土层水分向表层聚集,当夜间茶园表土温度下降到 0℃以下,就会出现呈针状的结冰,茶农称之为"冰针"。它会把表土层抬起,茶农们常常称其为"抬土"现象。冰针夜结昼化,从而把绿肥作物小苗从土壤中抬起架空,使其很快枯死。因此,对于这些幼龄茶园的绿肥作物要适当覆盖,防止冰针形成,抬土现象出现,而使绿肥作物小苗死亡。对于多西北风入侵的茶园,特别是地处西北坡的坡地茶园及朝向为风口的茶园,由于西北寒风入侵,对冬季绿肥作物小苗(简称肥苗)越冬危害很大。为了防止西北寒风对绿肥作物小苗的危害,茶农的经验是采用低沟深播,使绿肥作物的小苗寒冬腊月时在低沟中过冬，防止寒风对它的危害。开春后平沟填土，促进绿肥作物小苗的生长。这样做，对肥苗防寒保苗越冬效果十分良好。为了防止冬绿肥作物的冻害，保苗越冬还可以在越冬前施焦泥灰、草木灰等，这样做既可起到覆盖保暖作用，又可使肥苗提高含钾量，增加糖分含量和细胞液浓度，增强抗寒能力，从而提高来年青叶产量。此外，还可采用豆科与十字花科或与禾本科绿肥作物混播。由于绿肥作物自身抗寒能力不同，混播后起到相互保护的作用，减少受冻率。如黑麦草与黄花苜蓿混播，黄花苜蓿抗寒能力低，－5℃就会受冻，而黑麦草抗寒能力强，能忍受－20℃的低温，它可以起到保护黄花苜蓿的作用。同样光叶苕子与蚕豆或箭筈豌豆混播，也能起到相互保护的作用。当然，防止冬绿肥冻害保苗的方法还有很多，各地茶农也都有不同的经验可以引用。

夏季绿肥作物的抗旱保苗也是一大关。在我国江北茶区和西南茶区的部分地区，春天干旱常是影响茶树生长和茶园夏季绿肥作物苗情的重要天气因素。另外，近年来随着地球二氧化碳排放量的增加，温室气体增多，环境污染加剧，气温增升加快，气候多变，江南茶区和华南茶区缺水明显增多，茶区季节性干旱已明显影响当前茶叶生产。有些地方茶农说："茶园春旱、伏旱、夹秋旱，哪一旱出现茶农都出冷汗。"说明茶区旱情对茶叶生产的严重影响。由于大部分的春播夏季绿肥作物几乎都有一个共同特点，就是播种出苗后，小苗前期生长缓慢，抗旱能力低。因此，春旱对春播夏绿肥作物苗期生长影响最大，把不好这一关，就会造成严重损失，以至间作绿肥作物完全失败。例如 2002 年浙江杭州余杭王位山茶叶公司引进乌豇豆，在海拔 700 多米高的王位山 20 多公顷有机茶园中种植，自 4 月 15 日左右播种后，近 40 多天没有下过透雨。由于山上没有浇水条件，结果 20 多公顷乌豇豆无一成活。第二年又引进试种，采用低穴深播和盖竹梢（一种当地毛竹加工业的废料），虽遇到同样的春旱，但结果只有 20％左右的肥苗被旱死，成活率达70～80%。又如2005年,浙江省农业科学院草业中心在浙江武义县九龙山有机茶园中引种数种春播夏季绿肥作物,结果也遇到意想不到的春旱,由于当地茶园是采用削高填低法开垦,茶园周边草源少,山又高,无条件进行浇水和覆盖,结果只有龙爪稷和苏丹草成活率稍高一点,其他绿肥作物也几乎全旱死。这充分说明,春播夏季绿肥作物的抗旱保苗,对幼龄茶园成功种植绿肥作物的重要性。春播夏季绿肥作物的抗旱保苗,主要从农艺措施着手,如低沟深播、深穴深播、覆草保墒、施有机肥等。当然也可以从播种期上进行调整,使苗期避开春旱。一般山区茶园灌水条件差。有灌水和浇水条件的,在给茶苗灌水的同时,也要给绿肥作物灌水。灌水是最好的抗旱保苗的方法。

(四)及时除草防止草荒

茶园绿肥作物不管是豆科的或是其他科的,不管是冬季绿肥作物或是夏季绿肥作物,按其生长特点几乎都有一个共性,就是苗期生长缓慢,种子发芽后先长根,根系长到一定程度后地上部开始迅速生长。肥苗在地上部开始迅速生长前,从外表看起来几乎不太生长,这个时候茶农称其为“蹲苗”。绿肥作物品种不同,蹲苗期长短也不相同,长的达40～50天,短的也要10～20天。在肥苗蹲苗时有三怕,一怕旱害,二怕草害,三怕虫害。防止肥苗在蹲苗期间受杂草危害,是保苗的另一个关键措施。因为可以种绿肥的茶园也是杂草生长最多的茶园。茶园杂草是土生土长的植物,抗性强,适应性广,繁殖快,生长迅猛,尤其是一些当地具有生长优势的恶性杂草,茶园绿肥作物小苗不是它竞争的对手。这些杂草对绿肥作物小苗危害最大,在绿肥作物蹲苗期,一旦这些杂草生长而繁殖,就会把绿肥小苗覆盖,轻则影响肥苗的正常生长,严重的会把肥苗完全压住,使它失去生长能力而死亡,使茶园种植绿肥作物失败。这种现象在生产实践中十分常见,一般都发生在原荒芜茶园及新垦幼龄茶园中，其中以春播夏绿肥作物的受害最为常见。所以，茶园绿肥管理中，在小苗蹲苗期间及时防止草荒是十分重要的。除草时，一般不能使用除草剂，因为杂草与肥苗处于混生状态，而茶园杂草的品种又很复杂，能杀灭杂草的除草剂也能杀灭肥苗。所以，一般要用农具小心削草，保护肥苗。如用除草剂，一般要用触杀性的除草剂先除草一次，然后再播种绿肥作物，这也能起一定的事先除草作用，但由于杂草除不尽，春风吹又生，以后仍要与人工除草相配合。绿肥作物过了蹲苗期之后，生长迅速，对杂草有很强的竞争能力，能抑制杂草生长，起到除草的作用。相互竞争和抑制作用的关键控制点是，在肥苗蹲苗时要保护它的正常生长，防止苗期杂草对它的危害。

（五）以磷增氮，以小肥换大肥

茶园间作绿肥作物，主要目的是作肥料，解决茶园肥源问题，为什么还要给绿肥作物施肥？有的人想不通，因此，有些茶园间作绿肥作物之后都不给绿肥作物施肥。其实这种想法和做法都是不对的。茶园间作绿肥作物的目的，当然主要是解决茶园肥源问题，但它的作用是多方面的，如上面所说的充分利用空间，改善生态，增加生物多样性等。就说是肥源问题吧，绿肥作物的产量越高，质量越好，埋青的效果也就越好。因此茶园种植绿肥作物之后，如何使它高产、优质是十分重要的。只有产量高、质量好的绿肥作物，才能达到好的肥园效果。绿肥作物与其他作物一样，也要生长，也要吸收养分，开花结实等。因此，施肥对绿肥作物的生长发育和产量与质量，都有很大的影响。当然，绿肥作物本身主要是作肥料用的，对施肥要求就没有像粮食作物、经济作物等那样高和严格，只要根据不同绿肥作物的生长特点，做到适当、适时、适量施肥，就可达到一定的施肥效果。

从现在筛选出来的一些茶园绿肥作物品种来看，无论是豆科的、十字花科的、菊科的、禾本科的，还是其他科的，都有一个共同特点，就是它们都比较耐瘠薄，在低肥力条件下也能较好地生长。但还有另一个特点，即对施肥的反应极为敏感，即使是少量的肥料也能起到较好的增产效果，可以起到以小肥换大肥的作用。特别是它们对磷、钾肥的反应更为敏感，施用少量的磷、钾肥不仅能提高其产量，也能提高其质量，这对于豆科绿肥作物尤为明显。据 20 世纪 70～80 年代广东茶叶研究所、福建茶叶研究所、浙江嵊县农技站、江西刘家红壤试验站和浙江临海农技站等单位试验，在茶园间作冬季绿肥作物时，只要每 667 平方米在播种时施 30 千克左右的过磷酸钙，一般都可增产 12.5％至一倍多(表 4-5)。钾肥也是一样。据江苏省农业科学院对紫云英施钾肥的试验资料，在土壤有效钾含量在 80 毫克/千克以下的土壤施钾肥，一般可增产 20％以上。在有效钾含量达 100 毫克/千克左右的，可增产 15％。据认，对于一些聚钾的绿肥作物，如意大利黑麦草、肥田萝卜、金花菜和满园花，及聚磷的绿肥作物，如印度豇豆等，由于它们需磷、钾量多，吸收能力强，能在贫磷、钾土壤中广泛吸收土壤中的磷和钾，富集在绿肥作物的体内，如果施给少量的磷、钾肥，便能促进它的生长，扩张根系的伸展和吸收能力，促进对土壤磷和钾的吸收，取得更为良好的富集磷、钾的效果。这种现象被称之为磷、钾肥对绿肥作物富集磷、钾作用的"激发效应"。这种"激发效应"可促使茶园施肥形成无机、有机转化和绿肥物质利用与再利用的良性循环。

表 4-5　磷肥对茶园间作绿肥作物的影响

处　理	试验单位和绿肥									
	广东英德		福建福安		浙江嵊县		江西刘家站		浙江临海	
	间作肥田萝卜		间作豌豆 *		间作紫云英		间作肥田萝卜		间作金花菜	
	千克/亩	%	千克/亩	%	千克/亩	%	千克/亩	%	千克/亩	%
对　照(不施磷)	1047.5	100.0	109.2	100.0	710.5	100.0	771.5	100.0	750.0	100.0
施　磷	2606.3	248.8	281.0	257.5	799.3	112.5	950.5	123.0	1500.0	200.0

* 豌豆绿肥以干重(千克/亩)表示。1 亩为 667 平方米

氮素对非豆科作物是必要的，尤其是在绿肥作物幼苗期更是必不可少的，适当施一些氮肥也会取得良好的增产、提质效果。但对于豆科绿肥作物来说，由于它们有根瘤菌可以固定空气中的氮，因而除在幼苗期根瘤未形成时可施适量的氮肥外，以后一般毋须施氮肥；过多施氮肥反而会钝化根瘤固氮能力，起不到间种豆科绿肥作物提高茶园对空气中氮的利用和转化的能力。但是，豆科绿肥作物的固氮需要钼等微量元素作催化剂。因此，对豆科绿肥作物喷施微量元素，尤其是钼肥，也能起到以小肥换大肥的作用。所以茶园间作绿肥作物不能认为它是一种肥料，一种了之，什么肥都不用施了，这是不可取的。

（六）用根瘤菌剂拌种提高固氮能力

茶园绿肥作物中的豆科植物，由于它有多种优点，尤其是它有根瘤能固定空气中的氮，可提高植物对氮的利用，减少化学合成氮的施用。茶树作为一种采叶作物，对氮的需求量多，施氮的增产提质效果很好。所以茶园绿肥作物应以豆科作物为主。为了充分发挥茶园豆科绿肥作物的作用，除设法提高绿肥产量之外，提高青草的质量也是十分重要的，尤其设法提高豆科绿肥根瘤的数量和固氮能力，提高青草含氮量，是茶园间作豆科绿肥作物栽培技术中的重中之重。

据研究，土壤中能侵入到豆科植物体内，形成具有固定空气中氮能力的共生根瘤菌品种很多，一般可分苜蓿族、三叶草族、豌豆族、羽扇豆族、大豆族、菜豆族、豇豆族和其他的一些小族等。它们对土壤也有一定的适应性，一般新垦茶园原生态土著共生固氮菌数量不多，因此新垦幼龄茶园间作豆科绿肥作物之后根系受侵染率低，影响根瘤的形成。而且，根受固氮菌侵染之后，在土壤 pH 值为 5.0～8.0 时才能较好地结瘤，并有较强的固氮能力。当茶园被酸化，土壤 pH 值降至 4.5 以下时，结瘤率大为下降，而且即使结成根瘤，其固氮能力也大为降低。土壤中的有效钾、磷、镁、硼、钼含量多，有利于菌种对根系的侵染，也能提高根瘤的固氮能力。相反，活性铁、锰、铝含量高，有碍于固氮菌的侵染能力和固氮能力。茶园土壤都是酸性土，有的酸度很高，有效磷、钾、钙、镁、硼含量低，相反活性铁、锰 、铝含量却很高。因此，在茶园间作豆科绿肥作物时，进行根瘤接种，并施一些必要的磷、钾、钙、镁、硼、钼肥，以提高根瘤菌侵染率，增加根系根瘤的数量和生长，提高固氮能力，是茶园间作豆科绿肥作物的重要栽培措施之一。

由于根瘤菌有较强的专一性，在接种时一定要使绿肥作物与菌种制剂能“对号入座”。如苜蓿族根瘤菌，可对豆科的草木樨、苜蓿属和胡卢巴属的植物根系进行侵染而形成根瘤；三叶草族根瘤菌，只有接种到三叶草属的植物上才能形成根瘤，对其他属豆科植物根系一般不入侵；豌豆族根瘤菌，可对苕子、箭筈豌豆、蚕豆等巢菜属、豌豆属、山黧豆属和浜豆属的根进行侵染，而形成根瘤；菜豆族根瘤菌，可对菜豆族的四季豆、绿豆等的根系进行侵染，而形成根瘤；豇豆族根瘤菌的侵染性较强，可对多种豆科植物进行侵染，如豇豆属、胡枝子属、猪屎豆属、葛藤属、花生属、合欢属、木兰属及刺桐和链荚豆属等都有侵染能力。还有一些小族根瘤菌专一性较强，只对一、二种植物有侵染能力，如紫云英族、槐族、田菁族、紫穗槐族等就是如此。还有些豆科绿肥作物，什么根瘤菌族都不能侵染它，不形成根瘤，如石决明就是没有根瘤的豆科植物。因此，在茶园间作绿肥作物时，必须使用对所选绿肥作物有侵染性的根瘤菌制剂进行拌种接种后播种，同时在生长过程中施一些含有钾、磷、钙、镁、钼、硼的肥料，以提高绿肥作物的结瘤率和固氮能力。如据浙江嵊州民胜乡试验，新垦幼龄茶园间种紫云英时，用根瘤菌剂拌种后比不拌种的产量可增加 5%～10%。又据福建省农业科学院茶叶研究所试验，在幼龄茶园间作冬季绿肥作物豌豆时，接种根瘤菌的，青肥产量比不接种的增产 50%，而且根系发达，根瘤数量多,个大,青肥含氮量也明显提高。又据贵州省农业科学院茶叶研究所试验,在幼龄茶园间作黄豆作绿肥时,在进行根瘤菌拌种接种的同时加适量的钼肥,如钼酸铵等,结果不但绿肥产量增加,而且固氮能力也提高。据测定,其固氮能力比不加钼肥的提高25%以上。可见茶园间作绿肥作物时,根瘤菌拌种和施必要的微量元素,是十分有效的栽培措施。但是,在茶叶生产中常常会遇到这样的情况,所选择的适种绿肥作物品种在种植时,却购不到相对应的根瘤菌剂,因此无法接种。当遇到这种情况时,可以采用种过该绿肥作物的土壤来接种,也可以收到一定的效果。其具体做法是,去附近找一些种过该绿肥作物,并生长良好、产量高、根瘤多的农田或果园的土壤,与种子拌种后下种。例如要想在新垦幼龄茶园中种植紫云英,如果一时找不到紫云英的根瘤菌剂,就可以在种过紫云英并生长良好的稻田中,取一些土壤风干,然后将其与紫云英种子拌匀,并加入适量的钼酸铵后下种,也能起到一定的接种作用。这种接种方法茶农们称之为"客土法",在茶区应用得也比较多。

(七)因园制宜,合理密植

因园制宜,合理密植,也是茶园间作绿肥作物的重要栽培措施之一。因为茶园绿肥作物的种植密度,不但直接影响到自身的产量,同时也直接影响到当时茶树的生长状况。如果绿肥作物种植密度较稀疏,茶行空间没有得到充分利用,单位面积绿肥作物产量低,绿肥作物的各种优越性无法得到充分发挥;但如果种植密度过大,行间过于郁闭,在生长旺季绿肥作物会对茶树产生挤压作用,茶树与绿肥作物之间争光、争水、争肥的矛盾会突出,对茶树生长会产生不良影响。因此,茶园种植绿肥作物时,要根据它的株型及生物学特性与茶园的具体条件,确定合理的种植密度。一方面要充分利用行间的空间,多种绿肥作物,达到多产绿肥,发挥绿肥作物的各种优越性;另一方面又要力求避免和降低绿肥作物生长与茶树生长之间的矛盾,防止影响茶树当时的生长。根据绿肥作物的生物学特征和植物学特性,因园制宜,合理密植,是茶园间作绿肥作物成败的关键。根据长江中下游广大茶区中小叶种茶园间作春播矮生型夏季绿肥作物的经验,凡行间 1.5 米的单条或双条播茶园,1 年生幼龄园种 3 行绿肥作物,2 年生幼龄茶园种 2 行绿肥作物,3 年生幼龄茶园种植 1 行绿肥作物较为合理。茶农们称之为"1—2—3 对 3—2—1"的间作方法。具体播种量和绿肥作物的株行距,要根据绿肥作物品种而定,一般绿肥作物与绿肥作物之间的行距要窄一点,绿肥作物与茶树之间的距离要宽一些(图 4-1)。4 年生幼龄茶园因经过 3 次定型修剪之后,树冠已初步形成,行间空间已缩小,一般不再间作绿肥作物。但是,对于那些土壤肥力低下,管理水平低,或采摘过早,4 年生茶树长势差,树冠小,行间空间较大的茶园,仍可以间作一行绿肥作物,但播种量要少,以防止绿肥生长对茶树产生挤压作用而妨碍茶树生长。

冬季绿肥作物生长与茶树之间的矛盾比夏季绿肥作物小。为了提高冬季绿肥作物对茶树抗寒保苗的作用,可以根据当地实际情况,适当提高播种密度,有利于绿肥优越性的发挥。对于那些水土流失严重的砂性土质的坡地茶园,种植绿肥的主要目的是为了防止水土流失,如果种植匍匐型的绿肥作物,因它与茶树生长矛盾小,应适当密播,力求使绿肥作物发根之后其枝叶能覆盖大部分行间,以提高绿肥对行间土壤的覆盖率,达到保水保土的目的。

对于台刈改造和深、重修剪的茶园,绿肥作物种植密度的确定要更为慎重。一般采用宁稀勿密的方法。例如春茶前或春茶后台刈的茶园,因行间空间大,当年都可以间作 3 行速生型矮生绿肥作物。由于在老树桩上生长出来的芽梢比幼龄茶树生长快,第二年可减少到间作 1～2 行,第三年改造后的老茶树树冠已初步形成,应停止种植绿肥作物。如果茶树长势较差,行间空间仍较大,则可以继续间作 1 行绿肥作物。凡春茶采摘后或深、重修剪的茶园,可

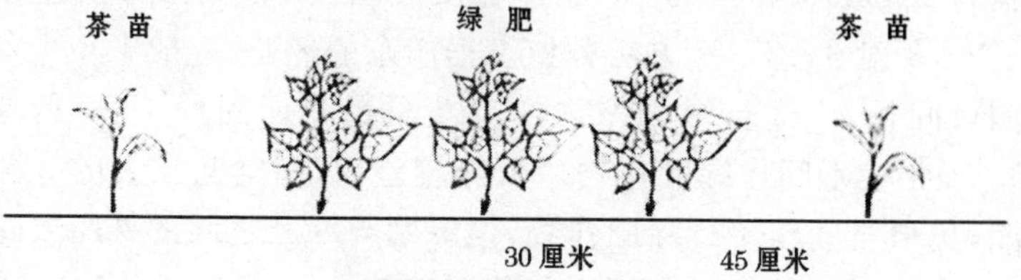

1 年生幼龄茶园间作矮生绿肥作物示意

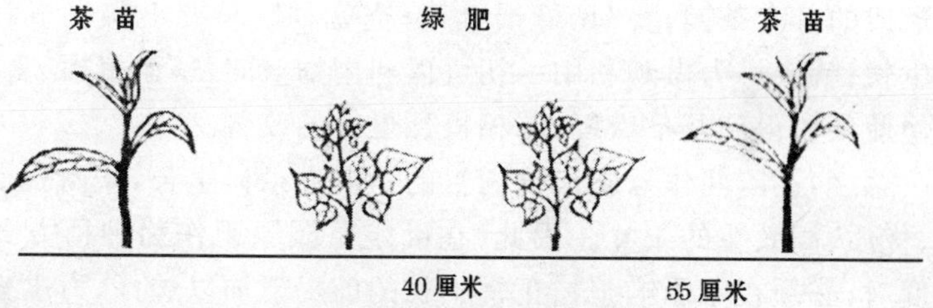

2 年生幼龄茶园间作矮生绿肥作物示意

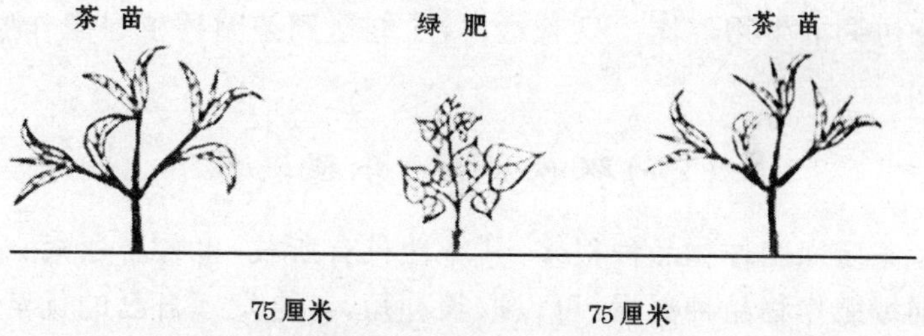

3 年生幼龄茶园间作矮生绿肥作物示意

图 4-1　幼龄茶园间作矮生绿肥作物示意

以争取时间及早播 1 行速生夏绿肥作物，埋青或盖土后不再间作绿肥作物。

在我国华南茶区，大都是大叶种茶树，气温高，茶树生长快，茶树株体大，成园早，一般 3 年就可以成园投采。因此，不能采用“1—2—3 对 3—2—1”方法种植。据广东的经验，一般 1 年生幼龄茶园可间种 2～3 行绿肥作物，2 年生幼龄茶园间种 1～2 行绿肥作物，3 年生不间作绿肥作物。长势较差，行间空间较大的 3 年生茶园，仍可再间作 1 行绿肥作物，但绿肥与绿肥之间的株距要适当拉开，防止绿肥长得过密而影响茶树生长。

对于旧式丛栽茶园或缺株断垄的茶园，以及管理水平低、强采而形成的低产茶园，要“见缝插针，有空就种”，只要不碍农事和茶树生长，就应尽力做到利用一切可以利用的空间，争取多播、多种，以便使茶树得到及早恢复，园相得到更好的改善。

总之，茶园间作绿肥作物的目的是促进茶树生长，从而获得高产、优质、高效益的茶叶。因此，在确定茶园绿肥作物种植方式和密度时，必须在不影响茶树正常生长的前提下加以选择，力求充分利用空间，密植多种，争取获得较高产量和较好质量的绿肥作物，使茶园绿肥作物的生长和茶树的生长相适应，形成一个生态平衡、彼此协调的生物群体。只有这样，才能达到茶园种植绿肥作物的目的。

（八）取长补短，合理混播

茶园绿肥作物品种很多，其特性各有所长，也各有所短，采用不同绿肥作物品种混播，可以取长补短，各自发挥自己的优势，比单独种一个品种效果要好。采用多品种绿肥作物合理混合种植优点很多。其一，它可以提高茶园生物多样性，增加茶园自身对自然灾害的调控能力，特别是抗病虫的能力；其二，如豆科绿肥作物与禾本科绿肥作物混播，可调整绿肥的碳氮比，有利于土壤有机质和氮含量相互按比例积累，有利土壤理化性质的改善和肥力的提高；其三，如采用不同生长期的绿肥作物混播，可利用不同物候期缓解绿肥作物与茶树在生长期中的矛盾，充分发挥绿肥作物的优点，提高茶园种植效果；其四，如采用不同株型绿肥作物混播，可充分利用茶园空间，提高对光能的利用率，进一步增加绿肥作物产量，从而可提高绿肥作物的种植效果；其五，如采用不同抗性绿肥作物混播，可提高绿肥作物之间相互依存的关系，从而提高其抗逆性，充分发挥茶园绿肥作物自身优越性来提高产量；其六，如采用不同根系生长（须根系和直根系，根瘤菌根系和内生菌根系等）的绿肥作物混播，可扩大绿肥作物根系伸展范围和改善其根际生物群落，提高绿肥作物活化土壤生物活性能力和土壤肥力。总之，茶园种植绿肥作物时，采用不同品种混播是增加绿肥作物产量、改善绿肥作物品质、缓解肥茶矛盾、提高茶园绿肥作物效果的重要措施之一。如据各地试验结果，茶园秋播冬季绿肥采用油菜、肥田萝卜、紫云英和苕子混播，或采用豌豆、肥田萝卜和黄花苜蓿混播，其产量可比单一品种播种的增产40%～70%。

在生产实践中究竟如何混播，在什么样的茶园应选择怎样的绿肥作物品种，绿肥作物的相互搭配，要因地制宜地进行。其中还有许多混播的方法问题。如有些地方采用混种撒播或混种条播，就是把不同绿肥作物的种子混合均匀后撒在茶行中间，或撒在条播行中间，使不同绿肥作物相互混合生长；另一种是在穴播时采用混穴不混种，就是一个播种穴播一种绿肥作物，另一个播种穴播的是另一种绿肥作物，按顺序排过去，在茶行中形成不同绿肥作物的混合生长；第三种是按条混播，就是每条播种一个作物绿肥品种。也就是说，如果一条茶行中间播三条绿肥作物的话，三条各自播上不同的绿肥作物品种；如果一条茶行间播二条绿肥作物的话，每条茶行间播上两个不同的绿肥作物品种。各地可以根据茶园各自特点和所选绿肥作物品种而定。如中国农业科学院茶叶研究所有机茶研究与发展中心与余姚陆埠林业站，在里岗有机茶园中进行禾本科的龙爪稷与矮生乌豇豆、黑毛豆及半匍匐型伏花生的混播试验，结果当混种撒播时，由于龙爪稷长势好，生长快，成为茶行中的优势群体，而乌豇豆、黑毛豆、伏花生株体矮小，成为劣势群体，因此，龙爪稷对乌豇豆、伏花生及黑毛豆有挤压作用，结果使乌豇豆、黑毛豆及伏花生的优势得不到充分发挥，生长不良。而采用分种混条播时，由于各自在自己的行中生长，各自发挥自己的优势，二种绿肥作物各自都生长良好，青肥产量分种混条播的比混种撒播的高2%～4%，而土壤有机质和含氮量也比混种撒播的要高(表4-6)。

表4-6　不同绿肥混播方法对绿肥产量及对土壤肥力的影响　(郑岳荣等)

处　理	混种撒播*			分种混条播(二条)*		
	龙爪稷＋黑毛豆	龙爪稷＋乌豇豆	龙爪稷＋伏花生	龙爪稷＋黑毛豆	龙爪稷＋乌豇豆	龙爪稷＋伏花生
绿肥鲜草总产量(千克/667米²)	2642.5	2600.5	2174.5	2699.4	2690.9	2485.4
土壤有机质(克/千克)	12.57	13.44	12.12	13.50	14.54	13.09
土壤全氮(克/千克)	1.24	1.35	1.11	1.39	1.54	1.62

*播种量相同

(九)合理疏枝，及时刈割

茶园间作绿肥作物之后，在加强对茶树树冠管理的同时，也要加强对绿肥作物株型生长的管理。通过对绿肥作物株型的管理，一方面可缓解绿肥作物生长与茶树生长之间“争光”的矛盾，同时也可提高绿肥作物的产量和青肥的质量。例如在低丘红壤1年生幼龄茶园间作高秆绿肥作物时，要先疏枝，把影响茶苗生长的低位分枝去掉，充分利用高秆绿肥作物的顶端生长优势促使向上生长，逐步使它形成伞状株型，起到遮荫的作用。对于再生能力强、可以多次刈割的高秆绿肥作物，应充分利用其再生的特性，结合疏枝和刈割促使绿肥作物高产，把刈割下的枝叶作行间的覆盖物，同时缓解生长过旺对茶苗的过度遮荫影响茶苗生长。如据广东浮县在云南大叶种茶园间作田菁的经验，在当地时间 3 月份种的田菁到5～6 月份高温多雨季节生长迅速，分枝多，必须把 1.5 米以下的分枝削去，促进顶端生长优势，当株高到 2.0 米左右时，摘去顶芽抑制顶端生长，促进上位分枝展开，并把削去的下位枝叶和打摘下的顶梢铺在行间作肥料，由此调节行间光量，使茶苗遮荫均匀，行间遮荫度控制在 1/3～1/2 之间。当地茶农把这种做法称作“削基枝促高，打顶梢促展”的调节方法，使田菁等高秆绿肥作物起到遮荫、盖土、肥田的多种功效。

对于 2～3 年生幼龄茶园一般不适宜种高秆绿肥作物，大多都是种矮秆和匍匐型的绿肥作物。其中有许多是蔓生和半蔓生的，在绿肥作物生长过程中藤蔓常常会爬到茶树上，因此，要注意经常打蔓、摘藤和去须，防止绿肥作物藤蔓攀绕茶树，影响茶树生长。有些直立和半直立株体较大的绿肥作物，如大绿豆、印尼豇豆、龙爪稷和苏丹草等，生长过旺时，要注意进行疏株，减少行间绿肥密度，保持一定的通透性，确保茶树正常生长。

对于秋播冬季绿肥作物，要注意防止开春后绿肥作物返青时迅速生长而影响春茶生长。如果发现有碍茶树生长的藤蔓要及时摘去。如有行间绿肥作物生长过密，也要酌情分期分批进行疏株，确保茶树的春茶安全生长。

对于台刈改造及深、重修剪的茶园，丛栽稀植茶园及衰老低产茶园，在种植绿肥作物时，无论是选用高秆的或是矮秆的或是爬地型的绿肥作物，同样也要加强绿肥株体的管理。这些茶园绿肥作物的株型管理，要和茶树修剪、茶叶采摘等树形管理结合一起，相互促进。在茶园绿肥作物管理中，一要提高绿肥产量，二要促进茶树生长，三要不碍农事，四要节省劳力。

(十)及时防治病虫害,防止茶树与绿肥作物相互感染

绿肥作物营养成分高,枝叶幼嫩,易遭病虫的危害。茶园绿肥作物的病虫害,有的只危害绿肥作物,不危害茶树,如豆角螟、豆芫菁、冠瘤病和柽麻枯萎病等。有的是共害的,既危害绿肥作物,也危害茶树,如蚜虫、蓟马、地老虎、炭疽病和线虫病等。在一般的情况下,当茶园有共害性虫害时,由于绿肥作物茎叶幼嫩,汁液营养好,一些害虫会自行向绿肥作物上聚集,在一定程度上会减轻对茶树的危害,当发生较严重时会相互危害,特别是绿肥作物种得过密,行间通风透光差,湿度加大,行间郁闭,有利虫害的繁衍和生长,茶园绿肥作物害虫会加重茶树虫害的发生。对于病害,一般情况下由于茶园间作绿肥作物之后,只要绿肥上有共害性病源感染,茶树也会受到感染。因此,无论是发现有共害的病虫,或是没有共害性的病虫,都要加以防治,确保绿肥作物高产和茶树的安全生长。

茶园绿肥作物病虫防治的基本原则是,以防为主,综合防治。首先,要对引进的绿肥作物种子严加检疫和消毒,防止因引种而把外地的病源和虫源带到当地茶园中而对茶树造成危害;第二,要提高茶园种植绿肥作物之后自身对病虫危害的调控能力,如采用多品种绿肥作物的混合播种,保持茶园生物多样性。一般茶园间作绿肥作物之后,有益的生物也增多,如病虫的天敌种群及数量增多,有利于茶园保持自然的生态平衡,防止暴发性病虫害的发生;第三,采取合理的种植密度和疏株、疏枝技术,保持行间有一定的通风条件和较好的温、湿度,以农艺措施为主,破坏病虫生长的环境条件;第四,结合茶园病虫防治,科学地采用物理方法进行治理,如采用疏摘茎叶、捕捉害虫、灯光诱杀、色板诱杀、糖醋液诱杀等;第五,根据病虫为害情况,适当地采用生物源农药和矿物源农药进

行防治，如有针对性地采用鱼藤酮、苦参碱、BT 制剂、石油乳剂、石硫合剂等进行喷杀；第六，当发现有病虫害暴发时，万不得已时，可以适当采用茶园中允许施用的化学农药进行防治。

在防治茶园绿肥作物病虫害时，必须注意以下几点：

第一，防治绿肥作物病虫害时，必须与茶树病虫害防治结合进行，能一起进行的，力争一起进行防治。茶树和绿肥作物不要各管各地进行防治。

第二，需要单独进行防治的，在防治绿肥作物病虫害时，必须注意用药安全和茶叶的质量安全，不可引起茶树药害和茶叶污染。

第三，防治无公害茶园的绿肥作物病虫害时，所选的生物源农药、矿物源农药及化学农药，必须是无公害茶园中允许使用的农药。不能把无公害茶园不允许施用的农药用来防治茶园绿肥作物病虫害。

第四，防治有机茶园绿肥作物的病虫害时，不允许喷施人工化学合成的农药，只能按《有机茶生产技术规程》或《有机产品生产技术规程》中规定的要求进行防治。

第五，防治绿色食品茶园中绿肥作物的病虫害时，要按农业部 2000 年颁布的《绿色食品农药使用准则》中提出的要求进行。

第六，在进行茶园绿肥作物病虫害防治时，必须注意梯边、坎边及地边、地角等处的多年生绿肥作物的病虫害防治。它既是绿肥及茶树病虫栖息、繁衍和越冬、度夏的场所，也是茶园许多有益生物和绿肥作物、茶树病虫害天敌栖息、繁衍和越冬、度夏的场所，要谨慎用药。

第五章　茶园绿肥作物的利用技术

要想充分发挥茶园绿肥作物的积极作用和良好效果，不仅要种好绿肥作物，还要用好绿肥作物。由于茶园绿肥作物品种很多，有专门作肥料用的，也有肥饲兼用的，也有肥粮兼用的，也有肥菜兼用的，等等。因此，其用处很广，利用方法很多。

为了充分发挥茶园绿肥作物的效能，要根据茶园绿肥作物的品种特点，科学合理地加以利用。从而使绿肥作物所固定的太阳能及空气中的氮素，能在茶叶生产系统中得到多层次的反复循环和多次的重复利用，真正做到物尽其用，减少生产系统以外物质的投入，提高生产效益。

一、作种茶前的先锋作物

（一）先锋作物的作用和效果

由于茶树系多年生深根系作物，因而茶园开垦时要求深耕地下土层60～80厘米。当生荒地或杂林地被开垦成茶园之后，因为深挖的结果而使土壤变得疏松，通气条件得以改善，有利于细菌的繁殖与生长，从而大大加速了原土层中有机质的分解速度。种茶后，由于茶苗幼小，落叶量少，在幼龄期茶园中有机质的分解速度远大于积累速度，因而有机质含量呈减少趋势。

据福建省农业科学院茶叶研究所的调查，生荒地被开垦成茶园之后，在0～20厘米深土层内，土壤有机质一年内约损失6.0克/千克，因此，生荒地开垦为茶园时，要结合开垦，深施有机肥作底肥加以补充。但由于茶园一般地处山区，大量运送有机肥成本高，难度大，许多新垦茶园一般都没有施底肥，或底肥不足，新垦的茶园茶苗生长不良。因此，一般在新垦茶园底肥不足的条件下，并不要求急于种茶，而是要先种 1～2 季绿肥作物之后再种茶。这 1～2 季绿肥作物，茶农称之为茶园种茶前的“先锋作物”。种好茶园先锋作物，是一举多得的大好事。

生产实践表明，茶园种茶前先种 1～2 季绿肥作物，并非只是为了提高初垦茶园的有机质含量，而对熟化土壤，改善和调节土壤生态环境等，都有极重要的作用。因为新茶园开垦时，肥力较高的表土被翻入心土和底层，肥力水平低的生土层从心土层和底土层翻到表土，如立即种茶一般茶苗不易长好。种植 1～2 季绿肥作物之后，由于其根系的生长可促使土壤熟化，绿肥作物被翻埋又可提高和增加土壤有机质含量，而且当新垦茶园开垦后，土壤水土流失极为严重，绿肥作物又可保土保水，是一项一举多得的措施。

另外，对于那些改种换植的老茶园，由于长期种茶后土壤生物群落多样性减少，特别是大量落叶和茶树根系大量分泌物的长期影响，致使老茶园土壤根际微生物区系单一化，如不加以调整和改变，会影响新种茶树根系的生长和对营养物质的吸收。所以在老茶园改种换植时，必须对土壤全面深耕，要求在换种前先种一两季先锋作物。

由于绿肥作物根系的分泌物与茶树根系的分泌物有很大的不同，所以其根际微生物区系也有很大的不同，老茶园改种换植时种植先锋作物，种绿肥作物相当于大田作物轮作的作用，可以使“已衰老”的土壤焕发“青春”，提高其生产能力。如据各地试验，老茶园改种换植时先种植 1～2 季先锋作物，对以后茶树生长及成龄后的茶叶产量和品质，都有很大的影响（表 5-1）。所以有经验的茶农都说，老茶园挖掉再种新茶树不易长好，要改种其他作物后再种，或者换新土再种，就是这个道理。

表 5-1　种茶前种绿肥作物的效果　（段敬堂等）

处　理		新垦茶园种茶前，种绿肥作物的效果		老茶园改种换植前，种绿肥作物的效果	
		春种柽麻，秋种肥田萝卜	不间种	春种大绿豆秋种箭筈豌豆	不间种
茶苗高幅度（厘米）	第一年	32×30	30×25	36×36	35×30
	第二年	46×45	40×35	54×50	45×40
	第三年	69×58	60×45	75×65	65×60
第四年打头茶叶青叶产量（千克/亩）*		495.5	401.6	584.6	505.6

* 表中的亩为 667 平方米

（二）种茶前先锋作物的选择和种植

1. 先锋作物的选择

种茶前先锋作物的作用，主要是提高新垦茶园和改种换植茶园土壤有机质含量，改善土壤生物群落区系，改良土壤理化性质，提高土壤肥力，为种茶后的茶树生长和高产优质打下良好基础。因此，作种茶前先锋作物种植的绿肥作物，一般要选用耐瘠、抗旱、根系发达、生长快、纤维素含量高、能高产的品种。其中豆科绿肥作物中的大叶猪屎豆、柽麻、田菁、大绿豆、印度豇豆、印尼绿豆、木豆、毛蔓豆、柱花草、无刺含羞草、苕子、黄花苜蓿等都是很好的种茶前的先锋作物。禾本科中的苏丹草、象草、高丹草、黑麦草和龙爪稷等也是很好的先锋作物。其他科的绿肥作物如肿柄菊和肥田萝卜等，也可作种茶前的先锋作物种植。

在选择新垦茶园的先锋作物时，要注意多品种的配合，尤其是豆科绿肥作物与其他科绿肥作物之间的相互配合，可取长补短，提高种植的效果。

2. 先锋绿肥作物的种植

种茶前先锋作物因没有茶树，不存在与茶树间的“三争”问题。因此，力求密植多种争高产。最好采用豆科绿肥作物与其他科绿肥作物单种混条播，不宜采用混种撒播，否则有些蹲苗时间短、生长快的绿肥作物会形成生长优势，而蹲苗时间长，生长缓慢的绿肥作物会成为劣势。各种绿肥生长不均匀，相互竞争，混播的优势发挥不出来，影响种植效果。在先锋绿肥作物生长过程中，不必进行疏枝。其他的田间管理工作，可按一般绿肥作物管理方法进行管理。

3. 翻埋利用

种先锋作物的主要目的是改土，因此，先锋作物的青肥不作饲料和其他用处，要全部翻入土中深埋。翻埋时间要和种茶苗时间相匹配。

种无性系扦插苗的茶园，茶苗移栽时间在长江中下游广大茶区主要有两个，一是 10～11 月份，二是 3 月份。种先锋绿肥作物的新垦茶地，可选择春播夏季绿肥的品种。在长江中下游广大茶区，只能种一季春播夏季绿肥作物。4 月份播种，9 月份绿肥作物花荚期后茎叶开始木质化时翻埋。翻埋后不能马上种茶，要经1～2 个多月的分解，到 10～11 月份土壤下沉后才可种茶。如先锋作物选用秋播冬季绿肥作物的，一般在 9 月下旬到 10 月上旬播种，要到翌年 4 月份花荚期才可埋青，待绿肥分解并且土壤下沉时再种茶，就要到 5 月份了。此时不是茶苗移栽季节，所以必须在 4 月份绿肥作物埋青后，抓紧时间再播种夏季绿肥作物，到秋埋后再种茶。在长江中下游广大茶区，选种秋播冬季绿肥作物为先锋作物，因 2～3 月份绿肥作物未到花荚期，产量低，这时埋青后种茶一般是不适合的。但是华南茶区气温高，绿肥生长快，茶苗移栽时间也不很严格，所以也可以进行。

如采用有性系茶籽进行直播，在长江中下游广大茶区的最佳播种时间是 3～4 月份。它的先锋作物要选用生长期较短的秋播冬季绿肥作物,可以提早在3月底至4月初进行埋青,埋青后及时播种茶树种子。茶籽播种发芽出苗需要一定的时间,这一段时间正好是绿肥分解和土壤下沉的时间。茶苗出土后,及时平整土地,对出土的茶苗不会产生不良的影响。

先锋绿肥作物埋青,要开沟深埋,埋到30厘米以下。埋肥沟要开设在种茶行上,不能埋在种茶行间。因为种茶行间将来还可以通过间作绿肥作物和施肥进行改土,提高土壤的养分含量,而种茶行下的土壤种上茶树之后,就没有机会对它进行改良了。所以,要将先锋作物翻埋在种茶行下。但是绿肥分解后土壤会下沉形成一条沟,沟内容易积水,临时性的积水会对茶苗的生长造成不利的影响。所以,要平沟后再种茶,否则下雨后会对茶苗造成湿害。这一点要十分注意。

二、茶树行间直接翻埋作肥料

(一)直接翻埋的效果

茶园绿肥作物,顾名思义,它是种在茶园中的绿色肥料作物,直接在行间把它翻埋入土作茶树肥料是最普遍的做法。这样做优点很多。第一,把绿肥作物就地在茶园行间开沟翻埋,不必把它运来运去,简单易行,省工省事;第二,直接翻埋可以利用新鲜绿肥作物茎叶中的水分,来提高土壤含水率,有利于土壤墒情的改善;第三,绿肥作物行间直接翻埋腐烂后的所有物质,都保留在土壤中,可以减少绿肥养分的损失,利用率高,效果也较好。据广东省农业科学院茶叶研究所和福建省农业科学院茶叶研究所对多年生的绿肥作物爬地木兰、金光菊及秋播冬季绿肥作物肥田萝卜和春播夏季绿肥作物大叶猪屎豆等直埋的试验结果,比对照一般可增产茶青13%~54.9%,效果十分明显(表5-2)。

表 5-2 茶园绿肥作物直接埋青对茶叶产量的影响 *

<table>
<tr><td colspan="2">坎边绿肥</td><td colspan="2">爬地木兰</td><td colspan="2">金光菊</td><td>对 照</td></tr>
<tr><td rowspan="2">茶青产量</td><td>千克/667 米²</td><td colspan="2">434.15</td><td colspan="2">442.10</td><td>311.45</td></tr>
<tr><td>%</td><td colspan="2">139.0</td><td colspan="2">141.9</td><td>100.0</td></tr>
<tr><td colspan="2">冬绿肥</td><td>肥田萝卜 1 号</td><td colspan="2">肥田萝卜 2 号</td><td>肥田萝卜 3 号</td><td>对 照</td></tr>
<tr><td rowspan="2">茶青产量</td><td>千克/667 米²</td><td>296.90</td><td colspan="2">387.15</td><td>340.00</td><td>249.90</td></tr>
<tr><td>%</td><td>118.8</td><td colspan="2">154.9</td><td>136.1</td><td>100.0</td></tr>
<tr><td colspan="2" rowspan="2">夏绿肥</td><td colspan="4">大叶猪屎豆</td><td rowspan="2">对 照</td></tr>
<tr><td colspan="2">伏 埋</td><td colspan="2">秋 埋</td></tr>
<tr><td rowspan="2">茶青产量</td><td>千克/667 米²</td><td colspan="2">604.15</td><td colspan="2">595.7</td><td>526.05</td></tr>
<tr><td>%</td><td colspan="2">114.9</td><td colspan="2">113.2</td><td>100.0</td></tr>
</table>

* 根据福建省、广东省农业科学院茶叶研究所部分试验资料

但是绿肥作物行间直接埋青也有缺点。其一，没有充分发挥绿肥作物“一肥多用”的功能。有许多茶园绿肥作物除了作肥料用之外，还可以作其他用处，如作土壤覆盖物，作粮、菜、饲、油用等。若全部直接埋青，则利用价值不高，不能充分形成不同绿肥作物的各种附加值，利用价值低。其二，绿肥作物直接埋青不易有效控制土壤中的碳氮比例，容易引发土壤有机质分解的“激发反应”，使土壤有机质变得忽高忽低。其三，绿肥直接埋青只能依靠土壤中的微生物对绿肥作物进行分解，分解速度慢。如据中国农业科学院茶叶研究所有机茶研究与发展中心在浙江上虞有机茶园中进行的模拟试验表明，在新垦幼龄红壤茶园中，在夏、秋间气温为 25℃～35℃、土壤含水量为 25%左右的条件下，乌豇豆和伏花生埋青后 15 天，叶子约有 80%可被分解，而黑毛豆和饭豆叶的干物质只有 60%左右被分解，而苏丹草和大绿豆分解更慢，只有 40%左右，茎秆的分解速度远比叶子要慢得多。秋播冬季绿肥作物在埋青时正处春后，气温不高，因此绿肥作物分解速度比夏季绿肥作物秋埋分

解要慢。据模拟试验，当气温为15℃～25℃时，土壤含水量同样是25%左右，直接埋青15天之后，肥田萝卜只被分解30.6%，而紫云英分解可达71.5%(表5-3)。埋青后被分解的绿肥不一定马上可被茶树吸收，其中还会有被土壤吸收及转化的过程。因此，绿肥作物直接埋青肥效较慢，对茶树的供肥要有个过程。一般作茶园基肥效果较好，作追肥效果差。其四，绿肥作物直接埋青后，在施肥沟中发酵腐烂会放热，如过于接近茶根，就很容易造成"烧根"而危害茶树。尤其是高温季节，如夏、秋季节埋青，若过于接近茶根，便最容易造成茶树的肥害。因此，在茶园绿肥作物直接埋青利用时，不要离茶树根太近。

表5-3 不同绿肥作物在茶园中的分解速度 (张优等)

秋播冬季绿肥作物埋土的模拟试验								
绿肥品种	鸭毛草	三叶草	苜蓿	黑麦草	豌豆	蚕豆	满园花	紫云英
分解速度*(%)	40.5	50.4	49.5	50.8	55.6	65.4	30.6	71.5
春播夏季绿肥作物埋土的模拟试验								
绿肥品种	苏丹草	毛豆	伏花生	乌豇豆	绿豆	饭豆	大绿豆	龙爪稷
分解速度*(%)	40.0	63.0	78.5	62.0	64.0	62.0	43.0	54.0

*按当时埋土15天后干物质的损失量计

(二)埋青时间

1. 确定绿肥作物埋青时间的依据

茶园绿肥作物的埋青时间，要根据其品种特点、生长时间和茶园管理的农事活动等因素而定。作埋青用的绿肥作物，最好是当它长到产量最高、养分含有量最多的时候埋翻最为理想。但是，每一种绿肥作物并非产量最高时，其养分的含有量也最多。恰恰相反，有些绿肥作物的养分含有量是到了一定时期之后，随它的生长和生物产量的增加，而下降的。如据陕西省农业科学院土壤肥料研究所测定，一些豆科绿肥作物，如柽麻、绿豆、田菁等，其生物产量一般都是在结荚期较高，而其生物体的氮素含有率一般都是在现蕾期时较高，以后呈下降趋势(表5-4)。绿肥植株的含氮量和纤

表 5-4　几种春播夏季绿肥作物不同生育期的养分变化及埋青肥效

（陕西省农业科学院土壤肥料研究所）

绿　肥	埋青时生育期	干物质含量（克/株）	含氮率（N,%）	含氮总量（克/株）	纤维素含量（克/千克）	后作效果（%）
柽　麻	夏闲(CK)	—	—	—	—	100.0
	蕾　期	52.96	2.733	1.5530	333.8	112.17
	花　期	65.52	2.505	1.6413	337.8	123.22
	荚　期	84.08	2.000	1.6816	452.1	131.33
绿　豆	夏闲(CK)	—	—	—	—	100.0
	蕾　期	32.3	3.773	1.219	—	128.26
	花　期	60.6	2.749	1.666	—	133.01
	荚　期	84.5	2.027	1.713	—	145.00
田　菁	夏闲(CK)	—	—	—	—	100.0
	蕾　期	34.9	3.547	1.238	—	120.97
	花　期	72.4	2.966	2.147	—	126.73
	荚　期	135.0	1.760	2.376	—	153.26

维素含量，直接关系到绿肥的质量，在确定绿肥作物埋青时间时，必须考虑它们之间的关系。另外，确定绿肥作物的埋青时间，还要考虑当地茶树生长与农事活动。如据湖南省汨罗江农场茶场的经验，当地茶园间作的秋播冬绿肥作物，一般在它长到花荚期结合当地春耕作业进行埋青。但是红花草植株较矮小，不影响春茶生长，肥青茎叶鲜嫩，埋青后容易分解，可适当推迟到第三盘花刚开时埋

青。这一方面有利于产量的进一步提高和氮素的进一步积累，另一方面推迟埋青又不影响茶树生长。但油菜和满园花却不同，由于它们株体高大，过大的株体会增加行间的郁闭度，从而影响春茶生长，因此，要提早埋青。同时，它们为非豆科绿肥作物，茎叶粗壮，纤维素含量高，埋青后分解速度慢，适当提早埋青有利于茶树生长，有利于绿肥质量的提高，也有利于肥效的发挥（表 5-5），所以，绿肥作物埋青时间的确定，要结合茶树生长、绿肥作物的生物学特性及当地的农事活动，加以合理选择。

表 5-5　茶园间作秋播冬季绿肥作物产量及养分含量　（王　金）

绿肥名称	绿肥埋青时的生长阶段	时　间	绿肥产量（千克/667 米^2）	每 667 米^2 鲜肥折合养分量（千克）		
				N	P_2O_5	K_2O
紫云英	第三盘花刚开期	4 月中下旬至 5 月初	2200	9.00	2.40	7.7
油　菜	90％荚红期	4 月上中旬	1950	8.15	4.15	8.6
肥田萝卜	80％开花期	4 月上中旬	2400	7.00	29.5	6.25

2. 秋播冬绿肥作物的埋青时间

秋播冬季绿肥作物在 10 月份播种，长江中下游广大茶区一般到翌年 4 月份正处于花荚期，这时要结合当地春耕进行翻埋。纤维素含量高的高秆绿肥作物品种早埋，其纤维素含量低；生长幼嫩的矮秆绿肥作物可晚埋，如当地幼龄茶园进行打头采制名优茶后进行定形修剪的，埋青时间可因园制宜，推延到打头采后结合定形修剪进行，将修剪下来的枝叶连同绿肥作物一起埋青。

3. 春播夏季绿肥作物的埋青时间

春播夏季绿肥作物埋青时间的确定，要比秋播冬季绿肥作物复杂，埋青的时间有较宽的弹性。因为春播夏绿肥作物中有速生早熟品种，它们从播种到花荚期一般只有 50～60 天，中熟品种一般要65～80 天，而晚熟品种生长期较长，要 100～150 天，更长的有 200 多天不等，因此，埋青时间各不相同。而且春播夏季绿肥作物的播种时间也有很大的不同，早播的 3 月中下旬可播种，晚播的在 5 月份才播种的也有。早播和晚播的同一品种，其生长到花荚期的时间，自然也不一样。而在春播夏季绿肥作物生长过程中，经历了茶园中耕、伏耕、秋冬耕等农事活动和梅雨与伏旱等的不同季节。所以，不同地方、不同绿肥和不同茶园，其埋青时间差别很大。

春播早熟绿肥作物的埋青，可结合当地除梅草和中耕进行，中熟品种可结合当地伏耕进行，晚熟品种可结合当地秋冬耕进行，力求把埋青和深耕改土结合在一起。一年种两季春、夏速生绿肥作物的，第一茬必须在 6 月份前后埋青，第二茬可结合秋冬耕在 10 月中下旬埋青。对于作幼龄茶园遮荫用的高秆型绿肥作物，要在完成遮荫后结合秋耕或秋冬耕埋青。埋青前要对其枝叶进行疏、刈、割等处理，以减少其与茶树生长的矛盾。

在 6 月份以后翻埋绿肥作物时，不能一次性完成，要先逐步疏株，将疏除下来的绿肥作物枝叶先放在行间，然后将其同以前疏下来的枝叶一起埋青。因为 6 月份以后气温高，日光强烈，原来生长在绿肥作物保护下的茶苗枝叶幼嫩，如果一下子将全部绿肥作物拔株埋青，就会突然把茶苗一下子暴露在高温强光下，易使茶苗灼伤，枯焦，严重者会被晒死，所以要先逐步疏株，使茶苗生长有个逐步适应的过程，这对于 1 年生幼龄茶园高秆型绿肥作物的埋青尤为重要。

4. 多年生绿肥作物的埋青时间

多年生绿肥作物除匍匐型作茶园生草栽培外，大多是种在地边、地角、路边、沟边及坎边等地，与茶树生长没有矛盾。而且，多年生绿肥作物多数是耐刈割的植物，再生能力强，因此随时可以刈割或埋青。但是为了提高埋青效果和节省劳力,应选择绿肥作物生长幼嫩的枝叶进行刈割,并结合茶园施肥和耕作进行。在长江中下游广大茶区茶园有"三耕、四削"的耕作管理方法和春、夏、秋施追肥的做法,多年生绿肥作物在春枝生长快要结束时进行刈割,结合施夏肥、伏耕、秋冬耕及施基肥等农事进行埋青。由于多数多年生绿肥作物一般并非在茶园行间种植,因此,利用多年生绿肥作物埋青作肥料,并不只限于幼龄茶园和台刈改造茶园,也适用于成龄采摘茶园,效果也十分良好。

(三)埋青深度

绿肥作物直接埋青的深度,不仅关系到埋青的劳力安排,同时也影响绿肥的分解速度、土壤肥力变化和绿肥效果。选择合理的埋青深度,对合理利用茶园绿肥作物十分重要。

1. 埋青深度对绿肥分解速度和土壤养分含量的影响

据中国农业科学院茶叶研究所有机茶研究与发展中心在浙江有机茶园中试验,绿肥深埋可提高绿肥在土壤中的分解速度。如对秋播冬季绿肥作物蚕豆和肥田萝卜,在4月下旬收割后埋青,分别采取30厘米和15厘米两个不同埋深进行对比,经过3个多月之后,8月上旬进行测定,结果深埋30厘米的肥青约有61%～81%被分解,而浅埋15厘米的只有49%～63%被分解。对春播夏季绿肥作物作同样对比试验,把乌豇豆和龙爪稷在8月中旬埋青,约2个月之后,深埋30厘米的绿肥约73%～77%被分解,而浅埋15厘米的绿肥只有49%～60%被分解。这说明无论是春播夏季绿肥作物伏埋或是秋播冬季绿肥作物春埋,深埋都可提高分解速度,有利提高绿肥肥效的迅速发挥。

由于深埋可加速绿肥的分解速度,从而也加速绿肥养分的释放。据对土壤养分含量的测定,土壤中速效性的氮、磷、钾含量,都是深埋的比浅埋的要高(表5-6)。因此,为了提高绿肥埋青效果,加快肥效，应适当深埋。

表 5-6　有机茶园中不同绿肥作物埋青深度对土壤养分的影响 *

绿肥品种	土壤有效养分	深埋后土壤养分（30 厘米）	浅埋后土壤养分（15 厘米）	对　照（没有绿肥）
蚕　豆	氮（毫克/千克）	91	86	57
	磷（毫克/千克）	34	29	15
	钾（毫克/千克）	110	92	74
肥田萝卜	氮（毫克/千克）	98	87	—
	磷（毫克/千克）	30	29	—
	钾（毫克/千克）	98	99	—
乌豇豆	氮（毫克/千克）	101	93	63
	磷（毫克/千克）	27	27	20
	钾（毫克/千克）	115	98	79
龙爪稷	氮（毫克/千克）	94	80	—
	磷（毫克/千克）	30	30	—
	钾（毫克/千克）	100	88	—

* 摘自《有机茶园绿肥品种筛选和推广应用试验工作报告》（2002 年 10 月）

2. 埋青深度对茶树生长的影响

由于绿肥作物埋青深度不同，其分解速度不一样，对茶苗生长的影响也不一样。据中国农业科学院茶叶研究所有机茶研究与发展中心对有机茶园间作绿肥利用技术的研究表明，无论什么绿肥作物，采用深埋 30 厘米的，其对茶苗生长的影响都比浅埋 15 厘米的要好（表 5-7）。所以，无论春播夏季绿肥作物，还是秋播冬季绿肥作物，在直接埋青作肥料用时，要采用深埋法。但也不是说越深越好，一般埋深 30～40 厘米就可以了，太深了一是劳力不许可，埋肥越深自然花费劳力越多。另外，幼龄茶园茶苗幼小，根系还很浅，埋得过深分解的养分茶苗吸收不到，容易被淋失掉，对当年茶苗生长不一定会有很好的效果。当然茶苗大的的茶园，其绿肥可以埋得深一点，苗小的可以埋得浅一点，要灵活掌握。

表 5-7　绿肥作物埋青深度对茶树生长的影响 *

试验区类	供试绿肥作物品种	茶树生长高度和幅度(高度×幅度，厘米)		
		深埋 30 厘米	浅埋 15 厘米	无绿肥(对照)
秋播冬绿肥作物试验区 **	蚕　豆	59×42	54×36	40×30
	肥田萝卜	53×39	46×36	
春播夏绿肥作物试验区 ***	乌豇豆	45×35	43×33	40×30
	龙爪稷	42×32	42×31	

* 摘自《有机茶园绿肥品种筛选和推广应用试验工作报告》(2002 年 10 月)

** 4 月 21 日埋青，10 月 8 日测定

*** 8 月 17 日埋青，10 月 8 日测定

(四)埋青方法

绿肥作物埋青的方法，在长江中下游广大茶区一般有三种：

1. 直接翻埋

就是在绿肥作物行的开头一端，紧挨绿肥作物处先挖一个深约 30 厘米的小土坑，把挨着坑的绿肥用钉齿耙把绿肥作物翻到小土坑中，接着沿茶行中间的绿肥作物种植行方向翻埋过去。埋肥时使青叶枝条朝向坑底，根部向上。埋完之后先耙平，然后用脚踩实，以防漏风使绿肥水分损失。这种方法一般适合于半匍匐型和匍匐型的绿肥作物，如白三叶草、伏花生和紫云英等。茶农称这种方法为“底朝天”翻埋法。

2. 先拔后埋

对于一些株型比匍匐型高大一点的矮生绿肥作物，如乌豇豆、黑毛豆、黄豆和竹豆等，采用直埋法很难把绿肥彻底埋到 30 厘米深的土层内。因此，一般都采用先把绿肥作物连根拔起放在一边，

然后在茶行之间开深 30 厘米的沟，再把绿肥作物放到沟中，盖上土稍镇压，耙土整平。放绿肥作物时，应尽量使枝叶朝下，根向上放，将绿肥作物连根拔起时，不要把根上的土抖掉，要连根带土把绿肥作物放在沟中，茶农们称这种埋青方法叫“拔株埋”。

3. 先割后埋

对于一些高秆型的绿肥作物，由于株型大，茎粗、根系深，把它连根拔起时很费力，有些绿肥作物也很难连根带土拔起来。因此，对于这些高秆型绿肥作物一般都采用先将绿肥作物茎秆割倒，放在茶行一边，然后用钉齿耙把根挖起，在挖根时有意识地把它整理成一条深沟，然后把先割倒的绿肥作物茎秆放在沟底，把挖起的绿肥根茬放在茎秆上面，再盖土、镇压并平整。茶农们称这种埋青方法叫“砍倒埋”。

无论采取何种方法埋青，都必须注意以下几点：

4. 埋青注意事项

(1)不损伤茶树　埋青时的一切操作都是在茶树行间进行的，拔绿肥作物和开深沟，都极易给茶树茎叶和根系造成机械损伤，尤其是对于 2～3 龄茶园，行间窄小，最容易使茶树造成伤害。因此，必须十分小心，不要因埋青给茶树生长造成损伤而带来损失。

(2)埋青行离茶根要远　直接埋青后，由于青枝绿叶发酵腐烂时会放热，尤其是夏天因气温高，热量不易散发，极易造成茶树伤根。因此，埋青沟力求开在茶行之间，不可靠近茶根。不管何种埋青方法，实际上都是一种土壤耕作过程，在开沟时也要按茶园耕作应“近根浅，远根深”的做法进行操作。

(3)结合埋青除草　埋青时间也正是茶园杂草生长旺季，绿肥被埋青之后，行间空间加大，杂草就会生长。因此，在埋青时必须把茶园中所有的杂草，尤其是茶树下生长的杂草，用钉齿耙钩出或拔掉，将其与绿肥一起埋青，防止这些杂草蔓延生长。

(4)要逐步疏枝　在拔株埋青和割株埋青时，一定要做到逐步实行。一般要间隔 3～5 天拔一次，或割一次，分三次拔完或割完，防止一次拔光或割光，幼嫩的茶苗一下子暴露在强光烈日下，就会枯焦，会引起严重死苗。这一点在埋青时一定要注意。

三、作茶园土壤的覆盖物

（一）土壤覆盖的作用与效果

茶园覆盖优点很多。它具有防止杂草生长，保持水土，保墒抗旱，保温抗寒，增加土壤有机质，提高土壤营养元素含量和增强土壤生物活性等多方面的作用，是一举多得的茶园高产、优质、高效益的重要栽培措施。尤其是对行间空间大、水土流失严重、杂草旺长使茶苗和茶树受到严重危害的幼龄茶园及荒芜茶园等，采取土壤覆盖措施是至关重要的。另外，有机茶园由于不能用除草剂除草和施化学肥料，因此，茶园土壤覆盖便成为有机茶园土壤管理中最重要的有机农业技术措施之一。但在生产中往往由于当地草源欠缺，推广受到一定的影响。若采用茶园绿肥作物为土壤覆盖物，就可以就地取材，方便易行，既覆盖又肥园，一物多用。这是茶园绿肥作物利用中最好的方法之一，应用也较为普遍。目前，多数茶园的绿肥作物，都是采用先作土壤覆盖物再翻埋的利用方式。

据中国农业科学院茶叶研究所有机茶研究与发展中心，在上虞对秋播冬季绿肥作物和春播夏季绿肥作物覆盖茶园的试验，把秋播冬季绿肥作物在翌年 5 月底至 6 月初就地作土壤覆盖，到 8 月份伏旱期测定土壤含水率，结果表明它对伏天土壤的保墒能力比绿肥直接深埋和浅埋的都要好。如果把春播季夏绿肥作物在当年 8 月份刈割后就地作土壤表面的覆盖物，同样，对土壤的保墒效果比就地深埋或浅埋的也都要好（表 5-8）。伏天保墒抗旱，是茶园土壤管理中的重中之重，尤其对于幼龄茶园更显得特别重要。

因此,无论春播夏季绿肥作物或是秋播冬季绿肥作物,就地作土壤覆盖物是茶园绿肥作物利用的首选方法。据原安徽劳动大学采用高秆绿肥作物作土壤覆盖物的试验结果,与不覆盖的相比,茶叶产量增加44.9%,而百芽重、茶芽密度和茶叶机械组成等,都有较大程度的改善,效果十分明显(表5-9)。

表5-8　绿肥作物不同利用方式对茶园土壤水分含量的影响

绿肥品种	土壤深度(厘米)	利用方式		
		深埋30厘米	土壤覆盖	无绿肥(对照)
5月21日埋青和覆盖,8月4日测定土壤含水率(%)				
蚕　豆	0～30	19.9	22.3	16.4
肥田萝卜	0～30	20.5	22.7	
8月17日埋青和覆盖,8月31日测定土壤含水率%(%)				
乌豇豆	0～30	24.7	26.0	21.5
龙爪稷	0～30	25.3	26.0	

摘《有机茶园绿肥品种筛选和推广应用试验工作报告》(2002年10月)

表5-9　用绿肥作物作茶园土壤覆盖对茶叶产量等的影响

(安徽劳动大学)

处　理	茶叶产量		茶芽密度		茶芽重		茶芽的机械组成(%)	
	千克/667米^2	%	个/米^2	%	克/100个芽	%	对夹芽	正常芽
绿肥作物覆盖	288.2	144.9	374	129.4	64.0	112.3	9.3	90.7
不进行土壤覆盖	205.8	100.0	289	100.0	57.0	100.0	18.5	81.5

不仅间作的茶园秋播冬绿肥作物和春播夏绿肥作物,可以先作土壤覆盖物,后作肥料翻埋,而一些多年生的坎边绿肥作物,在成龄茶园中也可先作茶园土壤覆盖物,再作肥料翻埋。据福建省农业科学院茶叶研究所试验,利用茶园坎边绿肥作物作土壤覆盖

物,比不覆盖的茶园3年茶叶平均增产11.2%,可见绿肥作物先作覆盖物后再翻埋,有很好的增产效果。但是,需要指出的是,绿肥作物作土壤覆盖物,因在土壤表面被分解,虽然分解速度远不如直接埋青那样快,但在分解过程中会有一部分养分在空气中挥发而损失,特别是氮素和硫素养分等更是如此。因此,茶树对先覆盖后翻埋的绿肥作物养分的利用率,要比直接埋青少。

(二)覆盖时间

1. 确定覆盖时间的依据

茶园绿肥的效果,不仅要看肥效,更重要的是要讲综合效果。绿肥作物先作覆盖物后作肥料,其综合效果肯定要比直接埋青好。但是选择恰当的覆盖时间,充分发挥覆盖的作用,是提高绿肥作物综合效果的重要环节。

在茶树年生长周期中,最需要进行土壤覆盖的时间各不相同。一般而言,有四个时间是最需土壤覆盖的。一是杂草生长旺季。因土壤覆盖对杂草生长有很好的抑制作用,所以这时覆盖最能发挥覆盖的效果。各地茶园杂草旺长季节各不相同。华南茶区,几乎一年四季杂草都能生长;长江中下游广大茶区,杂草生长最旺的是"梅草";而江北茶区,尤其是山东等地,7～8月份是雨季,又是高温季节,杂草生长最旺盛。二是干旱季节。因为土壤覆盖保墒效果较好,所以也是最能发挥绿肥作物土壤覆盖作用的好时间。由于我国茶区辽阔,各地干旱季节出现时间各不相同,华南和云贵高原茶区有冬季干旱,长江中下游地区最严重的是伏旱,江北茶区有春旱等。第三是暴雨率高的季节。土壤覆盖是防止暴雨引起水土流失的最有效方法之一,在暴雨率高的季节用绿肥作物覆盖土壤,便能充分发挥绿肥作物防止茶园在暴雨时水土流失的作用。我国广大茶区暴雨高发期主要在7,8,9三个月,其他时间虽也有暴雨发生,但并非经常出现。四是土壤冻害季节。因为土壤覆盖可提高冬季土壤温度，对防止因土壤结冻而影响根系生长有良好作用。因此，冬季覆盖土壤便是绿肥作物发挥其保温防冻作用的好时间。在我国茶园经常出现结冻的地方不多，主要在江北茶区及长江中下游广大地区的高山茶园时有结冻现象出现。在这些茶园要认真搞好土壤覆盖。

在确定绿肥作物作土壤覆盖用时，还要考虑绿肥自身的生长特点，只有当它生长到产量较高、养分含量较多时被利用，才能发挥其最佳综合效益。

2. 秋播冬季绿肥作物作覆盖用的时间

在长江中下游广大茶区，10 月份播种的冬季绿肥作物，到第二年 4 月份可进入花荚期。这时绿肥产量较高，质量也较好，收割后铺放行间可防止茶园梅草生长。如行间不再间作春播夏季绿肥作物的话，可就地铺在行间防止 5～6 月份的梅草生长，能取得良好的效果。到 7～8 月份因气温比较高，绿肥作物分解速度加快，如果绿肥材料比较幼嫩，到 8 月份肥青已分解和干燥，体积缩小，对防止伏旱期的土壤干旱作用已不明显。如果将生长期延长到 5 月份，当绿肥作物的茎秆开始木质化，纤维素含量提高，产量进一步增加时，再收割作覆盖物，则可以取得更好的效果。因为 5 月份收割作覆盖，绿肥作物茎叶已老化，纤维素含量提高，植株中碳氮比提高，埋青后分解速度减慢，可以延长对土壤覆盖的时间。据笔者试验，豆科作物蚕豆 4 月上旬收割作覆盖，到 8 月上旬时其干物质只有原来的 17.4%。而到 5 月上旬收割作覆盖，到 8 月上旬时其干物质还有原来的 67.5%。非豆科作物肥田萝卜这种趋势更为明显(表 5-10)。

所以，在长江中下游广大茶区，如秋播冬季绿肥作物作茶园覆盖物用，则可在花荚后期，当部分组织已开始木质化时收割，一般以在 5 月上中旬前后为好。这时收割绿肥作物覆盖土壤，既能防止梅草生长，又能起到防止伏天土壤干旱的作用，到 9 月下旬、10

月初，结合秋冬耕施肥把它翻埋。

但是必须注意，绿肥作物收割时间越晚，其植株越是长大和老化，绿肥与茶树之间的矛盾也越是突出，因此必须处理好它们之间的矛盾，不要影响当季茶树的生长。这是利用好绿肥作物的前提。一般可采用分期疏枝、逐步覆盖的方法，解决这一矛盾。具体做法是，将行间靠近茶树边的较老绿肥作物枝条或植株疏掉，先铺在茶园行间，过一段时间再删疏几次，然后一次性割掉全部绿肥作物铺在行间，这就可以缓解绿肥作物与茶树生长之间的矛盾。

表 5-10　茶园秋播冬季绿肥作物覆盖土壤的干物质缩减情况

绿肥作物品种	收割覆盖时间		保留绿肥干物质量(%)			
	月、日	生长物候期	5 月 30 日	6 月 30 日	7 月 30 日	8 月 30 日
蚕　豆	4 月 5 日	初花期	80.5	64.6	33.1	17.4
	4 月 15 日	盛花期	86.5	71.0	49.6	20.4
	4 月 30 日	花荚期	88.9	70.4	59.6	50.0
	5 月 5 日	荚熟期	90.9	84.3	72.5	67.5
肥田萝卜	4 月 5 日	花前期	87.5	77.6	43.1	16.5
	4 月 15 日	初花期	88.9	80.5	51.0	27.9
	4 月 30 日	盛花期	89.8	73.5	59.5	30.9
	5 月 5 日	花荚期	91.5	84.3	70.5	60.4
	5 月 15 日	荚熟期	95.4	90.0	81.5	70.4

3. 春播夏季绿肥作物作覆盖用的时间

春播夏绿肥作物中，一些速生绿肥早熟品种在 3 月下旬播种，到 5 月中下旬就可到花荚期。如早大豆，4 月 3 日播钟，5 月下旬可到盛花初荚期，仅 50 天左右，这时拔株作覆盖，可起到防止茶园梅草生长的作用。但速生早熟品种绿肥作物产量低，茎叶比低，纤维素含量不高，分解快，到伏天时茎秆分解失水后所留干物质已不多，对防止伏天土壤干旱和暴雨所引起的土壤冲刷，作用已经不太大。如果延长生长推迟利用，虽然它本身是速生型的，产量不会再增加，但木质化程度可提高，在一定程度上能延长在土表的覆盖时间，然而可延长的时间却不会太长。

对于矮生型的中熟品种绿肥作物，其花荚期一般都在 6～7 月份以后，这时正是伏天，将其刈割作覆盖物，对防止伏天的土壤干旱和台风季节暴雨所引起的土壤冲刷效果较好。

对春播高秆型夏季绿肥作物的利用时间，要因地制宜地确定。在一般情况下，春播高秆夏季绿肥作物是在 1 年生幼龄茶园中夏天作遮荫用的。这些绿肥作物品种生长期一般都很长。据江西省农业科学院蚕茶研究所在低丘红壤地区引种试种观察，其全生育期长达 180～215 天(表 5-11)。

盛花初荚期一般都在 8 月中下旬以后，株高都在 1 米以上，分枝多，要刈割。因此，高秆绿肥作物的覆盖时间并不在花荚期，而是在花荚前期抢时间进行刈割覆盖。这样做，一方面可延长其土壤覆盖时间，增强覆盖效果，另一方面可延长绿肥作物的生长期，提高其产量。如在长江中下游的广大茶区，自 4 月上旬播种后，出苗后一般蹲苗时间较长，到拔节时才开始迅速生长。这时通过疏基部枝条，促顶端生长，到 6 月底 7 月初可长到 1 米以上。这时刈

表 5-11　茶园春播夏季绿肥作物生育期田间观察记录　（江西蚕茶研究所）

绿肥名称	播种期	出苗期	盛花初荚期	株高(米)(8月19日)	成熟期	全生育期(天)
大叶猪屎豆	4月5日	4月15日	8月10～15日	152.0	10月10～15日	180
石决明	4月5日	4月15日	10月10～15日	132.0	11月15～20日	215
田菁	4月5日	4月15日	8月10～15日	241.7	10月3～10日	187
柽麻	4月5日	4月15日	8月10～20日	192.2	11月10～20日	188
大绿豆	4月5日	4月15日	10月3～10日	126.8	10月25～30日	195

割作土壤覆盖，可起到防止伏天土壤干旱的作用。中等肥力的茶园，到 8 月上中旬至 9 月初，其再生枝一般又可长到 1 米左右，能对茶苗起到遮荫作用。9 月下旬以后，气温逐步下降，高温强光对茶苗的威胁也逐步减退。这时又可台刈一次作土壤的覆盖物，而前面刈割的枝条在土壤表层还没有完全腐烂。这样从 6 月底或 7 月初开始，直到秋冬翻埋绿肥作物时，土壤表层都有覆盖物，对防止水土流失、保持土壤墒情和抑制杂草生长，都能起到较好的作用。

在华南茶区和云南南部地区，气温高，春播夏季绿肥作物播种期早，2～3 月份就可下种，生长期长，生长速度较快，再生能力也强，一般可刈割 2～3 次。

据云南省农业科学院茶叶研究所对当地茶园间作的田菁、柽麻、大叶猪屎豆等高秆夏季绿肥作物进行引种试验，从 3 月初播种，到 5 月中下旬就可长到 1 米左右，这时就可刈割作覆盖。中等肥力水平的茶园，到 7 月中下旬第二茬枝条又可长到 1 米以上，这时又可刈割作土壤的覆盖物；到 8 月下旬至 9 月中旬，第三茬枝条又可长到 80 厘长，这时又可刈割作土壤覆盖物。这样，从 5 月中旬开始刈割，直到 11 月下旬至 12 月中旬茶园施基肥时的一段时间内，行间都有绿肥作物作覆盖物来保护土壤。这一段时间在当地正是杂草旺长期，也是高温土壤蒸发失水高峰期，又是暴雨高发季节，覆盖的效果是十分良好的。

4. 多年生绿肥作物的覆盖时间

多年生绿肥作物覆盖利用时间的自由度较高，茶园什么时间需要覆盖，就可以随时将多年生绿肥的枝条采割集中起来，放在茶园中进行覆盖。幼龄茶园采用间作绿肥作物进行行间覆盖的，只限于茶树生长期，到施基肥时间由于土壤表层的覆盖物对施肥有妨碍，一般都与基肥一起被翻埋作肥料。因此，茶园秋冬之后就没有绿肥作覆盖了，冬季有干旱或冻害的茶园，如秋冬不再间作冬绿肥作物的，这时可以收集多年生绿肥作物的枝条，作秋冬幼龄茶园的覆盖物。春天有春旱的地区，也可收集多年生绿肥作物的枝条作土壤覆盖。

成龄采摘茶园因无法间作绿肥作物，可随时收集多年生绿肥作物的枝叶作土壤覆盖物。如福建省农业科学院茶叶研究所长年采用护梯的爬地木兰作成龄茶园的土壤覆盖物，对土壤起到良好的保护作用，并得到广泛的推广应用。

（三）茶园绿肥作物覆盖的方法

匍匐型和矮生型的绿肥作物作土壤覆盖，因根系不深，株型也比较小，可用人工把它连根拔起，抖掉沾结根系上的土壤之后，横放在行间土壤上，当拔起第二株绿肥作物，抖掉根系上的土壤之后横放时，它的根压在第一株绿肥作物的枝叶上，就像铺瓦一样，一株一株压过去。行间如果是种三行绿肥作物的，就形成鱼鳞状的覆盖物。由于春播夏季绿肥作物拔株时间正是气温高、阳光强的季节，因此要事先进行疏株，使茶苗逐步暴露在阳光下。同时，要把事先疏下来的枝叶插到鱼鳞状的覆盖物中。

高秆绿肥作物由于刈割要留桩，并且要分次进行，因此进行土壤覆盖时比较复杂。在全面刈割覆盖前要先疏枝，把高的、扩张面大的枝叶先疏除，把疏下来的枝条直放在行间近茶苗的根际处，或者在密度大或生长茂密的地方先进行疏株。疏株时，要从离地50～60厘米处把绿肥作物枝叶刈割掉，将刈割下的茎叶沿茶苗平行方向在根际放好，待以后全面刈割时一起铺盖。留下50～60厘米高株桩的目的，是为了保证桩上有足够的不定芽，能使第二轮枝条多发快长获高产。绿肥作物经过2～3次刈割疏株之后，被遮荫的茶苗逐步曝光，待其提高抗逆能力之后，就可以进行全面刈割覆盖。这时可以平地进行台割，不留桩，把割下的绿肥作物茎叶连同前次疏枝或疏株下来的枝条一起，头向一个方向平行于茶行，使一把绿肥作物的茎秆压住另一把绿肥作物的茎叶，铺放整齐，力求不露土壤。

刈割利用时，如遇高温、强光和干旱，茶苗仍需适当遮荫，可以采用逐步减株、逐步覆盖的方法，即一直采用疏株的方法加以解决，待第二轮枝梢长大已有遮荫效果时，再逐步把未刈割的枝条刈割掉。这样，行间一直都有绿肥作物枝叶生长着。在此期间，绿肥作物可以同时起到覆盖和遮荫的作用。但是，这样做时间要拖长，比较麻烦，操作起来也费时费工。

利用茶园绿肥作物作覆盖用时，应注意以下几点：

第一，当绿肥产量高、数量较多时，要在行间进行全面覆盖，而且要均匀，力求不露土。当绿肥产量低、数量较少时，要先覆盖茶苗根际土壤，先保苗。如有多余才可覆盖行间保土。

第二，在进行茶园土壤覆盖时，要注意使绿肥作物枝杈不要压着茶苗茎叶，更不能损伤茶苗。特别是在覆盖根际土壤时，尤其要注意这一点。

第三，如果遇到气温高、阳光强烈的天气，与埋青一样，不能一次性把绿肥作物割光。可先逐步疏枝、疏株，使茶苗有一个露光见日的过渡过程，然后全面刈割和拔株。这一点十分重要，否则茶苗会枯焦，以致被晒死。

第四，高秆绿肥作物刈割之后，如果茶园土壤肥力水平不高，则应适当追肥，以促进绿肥发芽抽枝和快速生长。追肥应用速效化肥，如 15—15—15 的复合肥最好。不能施用化肥的有机茶园，可施些沼液、沼渣及堆沤肥。

第五，如果是利用坎边和地角等其他地方种植的多年生绿肥作物作土壤覆盖用，则要注意这些绿肥作物有否危害茶树的病虫。如果发现有病虫，就要作必要的消毒和除虫处理，然后才可移到茶园中利用。

四、作堆沤肥材料

(一)绿肥作物堆沤肥的效果

茶园绿肥作物,除了作埋青、覆盖物之外,也常被用作堆沤肥材料。因为绿肥作物经过堆、沤发酵之后养分被释放,由迟效肥变为速效肥,既可作基肥,也可作追肥。尤其是有机茶园,目前最缺乏的是有机的速效肥,特别是含氮较高的有机肥更缺。绿肥作物经过堆沤之后,作茶树生长期间的追肥施用,可解决有机茶园不能用速效化肥作追肥施用的难题。因为用绿肥作物制成堆沤肥,要比用畜禽粪便制成的堆沤肥更卫生,更安全,而且养分含量更完全(表 5-12),所以肥料效果也较好。

表 5-12　绿肥作物堆肥与畜禽粪便堆肥的养分和重金属含量比较

重金属与养分含量	紫云英堆肥	乌豇豆堆肥	鸡粪堆肥	猪粪堆肥
铅(Pb)(毫克/千克)	4	11	25	40
铜(Cu)(毫克/千克)	12	14	50	75
汞(Hg)(毫克/千克)	0.1	0.5	3	2
镉(Cd)(毫克/千克)	痕	0.1	0.4	0.5
铬(Cr)(毫克/千克)	30	25	36	35
砷(As)(毫克/千克)	0.5	痕	28	21
氮(N)(克/千克)	31	28	29	21
磷(P_2O_5)(克/千克)	26	25	21	11
钾(K_2O)(克/千克)	16	15	12	15
镁(Mg)(克/千克)	0.5	1.0	0.6	0.4

据笔者在新昌儒一试验,在等氮的条件下,用箭筈豌豆等绿肥

作物制作的堆沤肥作基肥，比用化肥氮作基肥效果要好，比不施增产32.6%～41.3%（表5-13）。可见，绿肥作物经过堆沤之后，是茶园很好的肥料，由于它是纯天然的，因而既卫生，又安全，在有机茶园施用最为适宜。

不过，它也有缺陷。一是费工费劳力。要将绿肥作物从茶园中收集起来，运到某处集中堆沤，堆沤好后又要运到茶园中，这要花很多劳力。二是养分损失多。在堆沤过程中，由于发酵发热能使绿肥作物中的养分挥发而损失，尤其是氮的损失较多。据有关资料介绍，绿肥作物经过堆沤之后，氮素气化损失率可达5%～15%，如加上堆沤过程中的流失和运输中的机械损失，合计损失率可达15%～30%。三是堆沤需要场所。一般在茶园地头、地边、地角处，大量堆沤有一定的困难，所以一般茶园采用此法的不多。只有有机茶园，绿色食品茶园，为了解决茶树生长期间没有追肥可用时才被选用。另外，一些多年生绿肥，由于地块分散，生长期不一，茶园一次性集中施用有困难，也采用堆沤的方法，将各地零星的多年生绿肥收集在一处，经过堆沤后使用，这样采用的比较多。

表5-13　绿肥作物堆肥、沤肥作基肥的效果

处　理	不施肥	尿　素	乌豇豆（堆肥）	箭筈豌豆（堆肥）	柽麻（堆肥）	中茶1号肥
春茶青叶产量（千克/667米^2）	135.4	170.7	179.5	191.3	189.0	195.4
%	100.0	126.1	132.6	141.3	139.6	144.3

（二）制作方法

1. 堆肥制作方法

利用绿肥作物作材料制作堆肥的方法很多，但茶园绿肥作物大多都在山区和半山区，由于受地形、交通、劳力、设备、资金等诸多因子所限制,茶园绿肥作物堆肥制作大多采用最简单、最方便、最省工的地头坑堆制法。即在种植茶园绿肥作物的茶园地边或地头,找一个合适的地方,挖一个大小适当的坑。坑深约 1.2～1.5 米,面积按当地绿肥作物种植面积而定。坑底铺一层塑料布,其目的是防止绿肥发酵后的汁水向坑底土壤渗漏而损失。然后把茶园中的绿肥作物或周边收集到的绿肥作物,集中到坑边,用柴刀把它适当地劈碎,特别是已木质化的、纤维含量高的,更要用铡刀铡碎之后再放到坑里,铺平约 40 厘米厚后,用脚轻轻踩实,浇上一层薄薄的人粪尿或畜禽粪便,再加放一层 5 厘米厚左右的肥土。放肥土的目的是使绿肥作物发酵后可能挥发出的一部分氨,可被土壤所吸收。放入人、畜、禽粪便的目的,是促使绿肥作物加快发酵。不加人、畜、禽粪便,加人工生产的发酵制剂,如生物发酵菌素、EM、AM、TM 等生物制剂也可以。这样一层一层往上加,当绿肥作物高出地面 50～70 厘米后不再加肥,上面用泥浆封好,再盖上一层塑料布,防止被雨水冲打淋湿而影响发酵。做肥堆时,在肥堆中要插几束用稻草等扎成的草束作通气孔,以便使发酵时所产生的废气及热量,通过草束向外放出。发酵所产生的热量,使绿肥作物的温度可达到 60℃～70℃,能把绿肥作物中的有害病虫杀死,肥料卫生安全,质量较好。

在制作绿肥作物堆肥时,所用材料不只限于幼龄茶园中间作的绿肥作物,也可采用地边、地角、坎边、梯边所种的多年生绿肥作物,以及茶园周边的一些山草,一起放到肥堆中沤制。这是就地取材,就地处理,就地施用,自力更生解决肥料问题的好方法,对有机茶生产最具重要意义。

2. 沤肥制作方法

茶园绿肥作物,除了制作堆肥之外,还可以用来制作沤肥。许多山区、半山区的茶园所在地,都存有大小不等的山塘。可以利用这些自然的山塘,用绿肥作物为原料制作沤肥。制作时方法简单,省工省事。其具体做法如下：

在茶园周边选择行走和操作比较方便的地方，找几个大小不等的山塘，事先弄清山塘的深度及来水口与出水口等。当下雨时山塘积满水之后，在进水口处设一个土梗，堵住进水口，并在旁边开一条排水沟让山上的流水自然排向其他方向，再堵住出水口，不让山塘水流出。然后把茶园中的绿肥作物及周边收集到的多年生绿肥植物、杂草、枯枝落叶和山草等，抛入山塘水中浸泡。在浸泡时，尽量把下面的山塘泥翻到绿肥、杂草等物之上，绿肥作物及杂草沾贴到山塘泥越多越好，上面再压几块大石块，使绿肥作物和杂草大部分都能浸泡到水中为止。这样绿肥作物和杂草等在山塘泥中所存在的厌气菌和兼气菌的作用下，经过逐步分解、转化和合成等的复杂过程，绿肥作物中的养分及厌气菌和兼气菌发酵过程中所产生的中间产物，都溶于山塘水中，使山塘水成为沤肥水。这种沤肥不仅含有茶树生长所需的营养物质，也含有能促进茶树生长和能抗御病菌的生长素和抗生素等，成分十分复杂而多样。可作茶苗追肥用，尤其在干旱的伏天作幼苗的浇水用可起到抗旱、肥苗的多种作用，是山区茶园土壤管理中的重要措施之一，尤其对于生产有机茶的茶园来说，用这种沤水作追肥效果最为明显。

有些地方在绿肥作物沤制过程中，加入少量的人、畜、禽粪便一起发酵，然后再把第二次刈割下来的绿肥作物、山草、杂草和茶园修剪枝叶，以及可能收集到的秸秆等物，用铡刀铡碎后放到山塘的绿肥沤水中，用工具使其与塘泥翻拌混匀。堆积满塘之后用泥浆封顶，并保持下面有一定的积水，促使各种杂草、绿肥再次发酵，形成泥浆型的泥浆肥。这种泥浆肥速效性养分含量高，既可作基肥，也可作追肥，是有机茶园最好的肥料之一。

在制作绿肥作物沤肥或绿肥泥浆肥时，在技术上要注意以下几点：

第一，要注意防堵山塘暗洞漏水。茶园周边的一些山塘，由于长期积水，塘底常常沉积着一层很厚的黏土淀积层，黏土含量高，成为不透水层，有很好的保水作用，所以一般山塘不会漏水。但是，有些山塘处于岩层裂缝处，裂缝形成山塘的暗洞，塘水常常沿着岩层裂缝的暗洞向外渗漏，从而成为漏水山塘。这些山塘不能作沤肥用。否则会使沤水漏失而造成损失。

第二，下雨时山塘积水增加，会使沤水向外溢出。如果发现有沤水外溢现象，要及时加高山塘堤坝，防止沤水外溢而造成污染和损失。

第三，山塘的进水口外一定要开好排水沟，使山塘上方流下的山水有沟可排，防止下雨时山水涌进山塘。

第四，在第二次投放绿肥作物、制造泥浆肥时，要尽量设法把新投入的绿肥材料放到塘底，并且要力求多混泥浆，把原来已腐烂的绿肥翻到上面，以便先投先用，后投后用。

第五，在干旱季节，山塘会因水分蒸发而干枯，因此要及时挖开进水口的土埂，使下雨时形成的山水流进山塘。为了确保沤水质量，要及时做好山塘水的水量监控管理。

（三）绿肥作物堆沤肥的施用方法

1. 作基肥用

绿肥作物堆肥和沤肥，都可以作茶园基肥用。第一，其施用可与茶园其他有机肥一样进行。但要注意的是与其他有机肥，如菜子饼肥等相比，在施用时要更加注意深施满盖。因为绿肥作物堆、沤肥体积大，结构松散，施肥沟要深且宽，才能容纳更多的肥料。肥料继续分解，施肥沟土壤下沉，一旦下雨时，施肥沟就成为积水沟，对茶树根系生长有很大的不良影响。第二，在施肥时间上可以适当延迟，因为它是速效与迟效兼备的肥料，不像饼肥那样要到土壤中先吸收水分，后发酵，分解要有个过程。而绿肥作物堆、沤肥有效性高，水分含量多，一施入土壤，茶树即可及时吸收养分。如果施肥太早，茶树地上部生长未停止，吸收施入的养分后易促使茶树越冬芽发芽生长，一到冬季便遭受冻害而影响翌年春茶产量。所以，绿肥作物堆、沤肥不必提早施用，都可以延迟施用。在长江中下游广大茶区，于10月下旬至11月上旬施用比较合适。第三，要做到绿肥作物回园。就是在幼龄茶园中间作的绿肥作物，而经堆、沤后还应施回幼龄茶园中去，不能移至其他大田或成龄茶园中施用。否则，等于对幼龄茶园进行养分的“掠夺”，对该幼龄茶园的肥力提高和茶树生长是不利的。在生产实践中，有人常常把幼龄茶园中的绿肥作物经过堆制之后，施到成龄茶园中去。认为幼龄茶园未投产，施肥不见效益，而成龄茶园是投采茶园，施肥见效快，效益好，所以就这样做了。这是不对的，该予以纠正。第四，要注意配合施肥。以绿肥作物堆、沤肥作基肥时，仍要适当地掺和一些其他的肥料，如磷肥、钾肥、复合肥以及饼肥等，以形成多元化的肥料，效果将会更好。第五，要注意土肥相融。沤成的绿肥泥浆肥，一般不能在黏性土壤中施用，在砂性土茶园中施用具有改土的效果，可一举两得。同时，绿肥泥浆肥水份含量高，黏性大，施肥时容易使肥料形成团块，不易做到土肥相融。因此，在施肥时要选择晴朗的天气，先将泥浆肥铺放到行间，待稍干后再开沟施肥。施肥时，应将肥料与沟中的土壤混匀，土肥相融之后再盖土。

2. 作追肥用

绿肥作物堆、沤肥，由于是迟、速效兼容肥，所以也可作追肥。用绿肥作物堆、沤肥作追肥时，要比化肥提早施，因为它肥效比化肥要迟缓，在一般情况下对于非有机茶园并不提倡绿肥堆肥作追肥用。根据试验结果，同等数量和质量的绿肥作物堆肥，在10月份作基肥用的，对春茶的贡献率比在翌年2月份作追肥用的要好。但是有机茶园因为不能用化肥作追肥，所以用绿肥作物堆、沤肥作追肥，还是一个好办法。

绿肥作物的沤水不仅含有养分，还含有许多其他能促进茶树生长和抗病害作用的生长素和抗生素，不仅可作茶园土壤施肥，也可作茶树叶面喷施。在天气干旱期间，用绿肥作物沤水浇施茶苗根部，可起到施肥和抗旱的双重作用，在广大茶区一般普遍应用。作叶面肥时，沤水要经过适当过滤，将滤后的清液按沤水的浓度，因地制宜地进行稀释后，喷洒在叶面上，也可收到良好的效果。

五、其他用途

（一）作饲料用

茶园绿肥作物，多数是作覆盖、埋青和堆沤成堆沤肥，作茶园肥料施用。但从物质和能量的多层次与重复利用角度来看，这都并不算是最佳方法。因为，茶园绿肥作物中有很多品种是肥饲兼用的，如箭筈豌豆、白三叶草、苕子、黄花苜蓿、胡枝子、爬地木兰、木豆、紫穗槐、乌豇豆、黑毛豆、肥田萝卜、黑麦草和鸭毛草等，都是很好的饲料。其营养成分含量很高（表 5-14）。如果直接将它们当肥料施用，茶树并不能直接吸收其蛋白质，只有分解之后才可利

表 5-14　茶园绿肥作物的营养价值

绿肥作物	水分（%）	粗蛋白（%）	粗脂肪（%）	粗纤维（%）	灰分（%）	无氮浸出物（%）
紫穗槐（风干物）	—	20～22	4～6	10～12	5～6	40～42
箭筈豌豆（干草）	绝对干物质	15～17	3～4	24～26	12～14	41～43
白三叶草（鲜草）	82.2	5.1	0.6	2.8	2.1	7.2
山毛豆	鲜草	8.10	3.07	12.90	1.50	27.82
柽麻（干草）	7～8	10～19	2～3	28～29	10～13	28～38

注：此表根据各地分析资料综合

用。其纤维素及糖和脂肪,茶树也不能直接吸收利用,也只有经过分解转化成土壤腐殖质后,才能起到改良土壤的作用,而这些物质所贮藏的能量,白白转化成热量在土壤中浪费掉。如果把它作动物饲料,它的这些蛋白质、脂肪及糖等物质,能直接被动物吸收利用,而且营养价值很高。因此,茶区广大茶农经常把间作在茶园中的绿肥作物作饲料用,以提高茶园绿肥作物的利用价值。例如我国广大茶区的山区茶农和茶场的员工,常有在茶园周边建舍养猪、养羊、养鸡的习惯。他们农忙时从事茶叶生产,农闲时上山割草,喂养牲口,并在茶园地边、地角和间作茶园中,种植绿肥作物作饲料。其中以豆科和禾本科植物为主,茶农们称之为“猪草”。春天农闲时,割猪草喂牲口,秋天割猪草晒干,制成干草作冬天贮备饲料用。牲口的粪便,可制成堆肥施回到茶园作肥料。在20世纪60～70年代,由于茶园肥料不足,国家有关部门曾提出“一亩茶一头猪”的口号,养猪积肥是解决茶园肥料问题的重要途径之一。由于饲料问题不能解决,因而大力提倡茶园间作绿肥作物以解决饲料问题,从而形成种茶、种草(绿肥)、养猪、积肥、肥园的物质循环链,从而取得良好的效果,对当时促进茶叶生产起到重要作用。所以当时茶农们说,茶山“草(绿肥)多,猪多;猪多,肥多;肥多,茶多;茶多,钱多”。这就是过去南方山区传统生态农业和经济发展的一种重要模式。就是在当前农业技术高度发展,化学农业不断向山区扩张的今天,这种“草、畜、肥、沼、茶”的生态生产模式,仍然要大力倡导。尤其是在当今有机农业不断发展,茶园间作绿肥作物,绿肥作物喂牲口,牲口粪便制沼气,沼渣、沼液作肥料施回茶园的做法,是复合生态有机农业的重要措施之一。中国农业科学院茶叶研究所有机茶研究与发展中心,在上虞龙浦雪大岙建立有机茶园基地时,在幼龄茶园中间作各种绿肥作物,并在茶园中养鸡,以绿肥作物喂养,以鸡吃虫,以鸡粪肥茶树,形成草(绿肥作物)、鸡、肥、茶的复合生态有机茶园,取得良好效果。

值得注意的是，茶园绿肥作物是为茶树生长而种的，在用茶园绿肥作物作饲料时，要以茶为中心，要把畜、禽粪便回归茶园。通过草、畜、肥、茶的物质循环，不断提高茶园土壤肥力，发展茶叶生产。但是，如果把茶园绿肥作物作饲料，却把畜、禽粪便用于别处，就会使茶园物质循环向着不利于茶叶生产的方向发展。目前，有些茶场及以经营和从事茶叶生产为主的企业与种茶专业户等，在茶园周边利用山区的有利地形挖塘养鱼，而把茶园绿肥作物作鱼草来饲养塘鱼，这些绿肥作物自然是塘鱼的最好饲料之一，用它养塘鱼无疑这是一个好方法。但是，塘鱼却没有物质来回报茶山，结果会使茶园物质循环朝向不利于茶叶生产的方向发展。因此，必须设法采取必要的施肥措施，给茶园予以养分补偿才行。

（二）作有机肥无害化处理的填充物

有机肥是茶园重要的肥料之一，在茶园施肥准则中第一条就是要重施有机肥。但是，为了确保茶叶质量安全，无论是一般茶园、无公害茶园，还是绿色食品茶园或有机茶园，其所施用的有机肥，包括农家有机肥和商品化的有机肥，都要经过无害化处理后方可施用。尤其是各种畜、禽粪便，不能直接施到茶园，一定要经过无害化处理之后，才可施用。畜、禽粪便无害化处理的方法很多，其中之一就是生物发酵法。广大茶区因受到多种条件所限制，畜、禽粪便的无害化处理，大都是采用露天或拱棚垛堆生物发酵法。现在可作畜、禽粪便无害化处理发酵的菌剂很多，无论哪一种菌剂，多数都要在畜、禽粪便中添加填充物，使垛堆膨松才能发酵。可作填充物用的膨松物料，有谷壳、锯末、大田作物秸秆粉等。由于广大山区这些物质资源不多，而且从外地采购的谷壳或大田作物秸秆粉，常常含有较高的农药残留，安全性很难保证；锯末现在也都被压成木胶板综合利用。因此取材难，代价高，不易搞到。在这种情况下，茶园绿肥秸秆便是很好的取代物，而且比谷壳、锯末、大田秸秆粉更优越。它们取材方便，成本低，制作容易，无农药残留，质量安全可靠，营养成分高。

利用茶园绿肥作物秸秆作填充物，对畜、禽粪便进行无害化处理，方法简单易行。具体做法如下：

先将绿肥作物作饲料用剩下来的粗老茎秆、作留种用绿肥作物的秸秆、木本多年生绿肥作物的茎秆，以及绿肥作物老枝条等，收集在一起，经阳光晒干后，用粉碎机粉碎成粉末状，然后用市购生物发酵制剂，按说明书要求添加到绿肥作物秸秆粉中拌均匀，再按畜、禽粪便与绿肥作物秸秆粉体积比为 70∶30 或 80∶20 进行混合，并搅拌均匀，使其含水率约达 50%～60%，堆成长 15～20 米、宽 5～6 米的垛堆，让其发酵。当温度上升到 70℃左右时翻堆，使其不断散热。经过 3～4 次翻堆后，水分下降到 20%～30%，就可以施用了。夏天全程约 20～30 天，冬天约 40～55 天。这样就可以将畜禽粪便中的虫卵、大肠杆菌及草籽等杀灭，去掉臭气，达到无害化处理的要求。

如果采用槽式发酵进行无害化处理，也要加添蓬松的填充物。可以与垛堆发酵一样，按同样的比例混合均匀后，放在发酵槽中发酵。发酵时，用发酵槽上往复式搅拌机来回行走搅拌，散去热量和水汽，直到温度下降不再发酵为止。其无害化处理速度，要比垛堆式发酵快多了。

用绿肥作物秸秆作填充物，对畜、禽粪便进行无害化处理所制成的有机肥，养分含量高，肥效好(表 5-15)。一些不能施用化学肥料的有机茶园，需要高氮有机肥的时候，可采用有机茶园基地和间作的绿肥作物秸秆，作畜、禽粪便无害化处理的填充物，制作成有机茶园的专用有机肥。这种有机肥含氮量高，施用效果好，并且无农药残留。其材料来自有机农业生产系统之内，也符合有机农业生产技术规程中规定的取材要求，制成的有机茶生产专用有机肥，应重新施回有机茶园中去。

表 5-15 畜禽粪便无害化处理填充物对有机肥质量的影响＊

填充物		大田作物秸秆粉	谷壳粉	黑毛豆秸秆粉	花生蔓秆粉
有机肥酸碱度(pH)		7.3	7.5	7.2	7.0
有机肥养分	N(%)	1.9	1.6	2.6	2.8
	P_2O_5(%)	1.5	1.2	1.6	1.7
	K_2O(%)	2.0	2.5	1.9	2.0
	有机质(%)	54.6	52.6	50.1	50.9
肥料水分(%)		19.0	18.4	19.6	19.4

＊发酵制剂由汇仁有机肥料厂提供

但也要注意，绿肥作物幼嫩组织及茎叶因含氮量高，纤维素含量低，作填充物用不适合。因为它膨松效果不好，含氮高不易提高垛堆的碳氮比，如果用作填充物，一方面会引起氮的损失，另一方面不易迅速增温，对无害化处理不利。

（三）作菜粮用

在我国山区传统农业生产技术中，山区茶粮、茶菜、茶油间作是其重要内容之一。在旧式丛栽茶园中，空间大，茶园间作杂粮类、薯类、豆类作物到处可见，人们收其谷、挖其薯、采其豆之后，把根茬及秸秆埋到茶园作肥料，从而保持山区老式间作茶园的生态平衡和维持土壤的肥力。据湖南农业大学对安化县的调查资料，该县山区 20 世纪 60～70 年代进行茶粮间作、茶薯间作和茶豆间作的茶园，约占总茶园面积的 80%以上，由于这些茶园只收不投，只种不养，生产力一般并不高。自专业茶园发展之后，这些传统农业生产方式的间作老式茶园，大批被淘汰和改造，取而代之的是条栽的专业茶园，谷、薯类作物退出茶园，而豆类作物成为条栽幼龄茶园的绿肥作物。它既可作菜用，也可作杂粮用，而且还是制作食油的原料。如现在在茶园中推广的大豆，黑毛豆，乌豇豆，大、小绿豆，花生，赤小豆和饭豆等，都是人们经常食用的杂粮、蔬菜及食油的原料。除了豆科绿肥作物之外，如油菜、肥田萝卜和浙江、湖南、江西山区茶园普遍种植的茶园护坎绿肥作物黄花菜，也都是我国民间十分重要的菜肴原料。现在这些作物种在茶园中及其地边和地角处，虽已成为茶园绿肥作物，主要是作肥园用，但由于它们营养价值高，美味可口，自然仍是茶农们的采收对象。当前，由于茶叶生产向更广更深处发展，人们对茶叶的要求不仅内质要好，更希望没有污染，质量安全。由于高山出好茶，大山深处的茶叶安全，因此，茶园逐步向远离城市、远离村庄、远离公路主干线的高山和大山深处发展。这些地方日常管理茶园和“看茶山”的员工，不可能每天下山进城进村买菜，他们经常利用幼龄茶园间作的绿肥，并利用茶园地边、地角、坎边、梯边及茶园空间较大的地段种植绿肥，摘其叶，采其荚，取其花，打其头等作菜食用，以解决生活中吃菜难的问题。如紫云英幼嫩的头，乌豇豆等的嫩荚，肥田萝卜的叶，黄花菜的花，伏花生的嫩果，都是他们采收的对象。由于护山人和日常管理茶园的员工人数并不多，少量采收一点绿肥作物幼嫩组织并不影响肥园大局。但必须指出，有些从事茶叶生产的企业和专业户等，由于在开垦茶园时，初期投资大，回报周期长，因此，就利用幼龄茶园空间种植绿肥作物，进行大量经营性的采收，作菜粮进行变卖，作为一种重要的经济收入以弥补种茶初期投资大的资金亏缺。此举对幼龄茶园是个伤害，时间一长，茶树将成为未老先衰的“小老头”茶树，产量低，品质劣，效益差，此举并不可取。

茶园幼龄期间的确投资较大，但它是处于培养期，这时高投入，将来才有高产出。这时很好地培养幼龄茶树的树势和不断提高土壤肥力，是为以后高产、优质、高效益奠定基础。因此，在生产中不能只顾眼前利益，而将幼龄茶园的间作绿肥作物，作为经济作物一样进行生产性收获。如果确有必要对它进行生产性收获，也要把它的秸秆、藤蔓、根茬等留在茶园中，并要大量增施有机肥，予以必要的补偿才行。

(四)作编织用

茶园绿肥作物中的许多多年生绿肥作物，如紫穗槐、葛藤、大叶胡枝子等，茎条细长，质地柔软，韧性强，耐拧，可弯，可以做编织的材料，编成采茶篮、茶筐、茶篓等。用这些绿肥作物茎条编织成的装盛茶叶的用具，看起来有点粗糙，但是它孔隙大，通气性好，在田间装盛就采的茶叶不会使茶叶发热、发红而变质，有很多的优点。尤其是从事有机茶生产的，在生产过程中不允许采用人工化学合成的物质，如塑料制品等来做装具，而紫穗槐、葛藤等作为茶园梯边、坎边绿肥作物，不用农药，不用化学肥料，属纯天然有机物，是制作有机茶生产用具的最好材料之一。

在采用紫穗槐茎条作编织品时要注意，新鲜的茎条稍有点异味，要事先晒干使异味消失后，才可用于茶叶的装盛。

此外，一些高秆绿肥作物，如柽麻、田菁等成熟时，茎秆的皮纤维长而韧，可对它剥皮取纤维，作麻绳和麻织品用于茶叶生产。但是茶园中间作的田菁和柽麻都未到成熟时，就被刈割或翻埋了，没有成熟茎秆的皮可剥。可是，茶园绿肥作物基地中有专门作留种用的。这些留种用的柽麻和田菁等收种后，其茎秆可剥皮加工纤维，用来作编织的材料。

(五)作蜜源用

在茶园绿肥作物中，有许多品种是很好的蜜源植物，在其开花时可在茶园边缘地区放养蜜蜂取蜜。可为蜜蜂提供蜜源的茶园绿肥作物品种，有肥田萝卜、黄花苜蓿、油菜、荞麦、苕子、紫云英和紫穗槐等。这些绿肥作物的花留蜜期一般都在 20～30 天，其中间作在幼龄茶园行间的，一般都是在花荚期才可埋青或收割，所以对蜜蜂取蜜的影响不很大，取蜜期一般都在 10 天以上。一些坎边的绿肥作物不受收割的影响，如作蜜源处理可推迟刈割和剪茎，待花期后再刈割也不妨碍绿肥的质量。

（六）作活性炭的原料

留种园的绿肥作物的老茎秆，以及坎边、路边、梯边等处的一些多年生绿肥作物未被刈割作茶园肥料和覆盖物用的枝条，老化之后可将其烧制成活性炭，也可作炒茶及日常生活的燃料等。当然，茶园绿肥作物还可作其他的用途。如有些种子可取乳制乳化剂，制化工产品，制生物农药，喂养紫胶虫，有些茎叶可提取香精，或作沼气的填充料等。茶农们说得好："茶园绿肥全身都是宝，看您用得好不好"。这句话说出了茶园绿肥作物无限的利用价值。

第六章 茶园绿肥作物基地建设及留种技术

解决茶园肥源和草源问题，除了在茶园中间作绿肥作物之外，还可以在茶园周边建立集中成片的茶园专用绿肥作物基地，形成绿肥作物山、绿肥作物坡、绿肥作物地、绿肥作物带等。当这些集中成片的绿肥作物到了可以利用时，通过刈割及其他收获方式等，转移到茶园中作肥料或覆盖土壤的草料，这也是我国山区茶农自力更生解决茶园肥料和草料问题的重要方法之一。这种集中成片建立的茶园专用绿肥作物基地优点很多，值得推广。这对于有机茶生产基地建设更具有重要意义。

一、茶园绿肥作物基地的意义

（一）增加茶园肥料和草料的来源

所谓茶园绿肥作物，通常只能间作在幼龄茶园，台刈改造茶园，重、深修剪茶园，改种换植茶园，旧式丛栽的老茶园，失管荒芜茶园，以及茶园梯边、地边、坎边等零星空地上。幼龄茶园间作的绿肥作物，只能解决这些茶园部分肥源和草源问题，而且随着茶树年龄的增大、树势的增强和树冠的扩大，可间作绿肥作物的空间逐步缩小，绿肥作物种植量也逐步减少，最终退出茶园。绿肥作物对新发展条栽的成龄采摘茶园的作用和贡献，也无法得到良好的发挥。在茶叶生产中，成龄茶园采摘期长，需肥量多，如何自力更生解决山区成龄采摘茶园有机肥源和草源问题，至今仍是一个难题。尤其是当前茶叶生产正向着更深更广的方向发展，生态良好、污染少的地方成为当前开发生态茶园和有机茶园的重要地方。而这些地方往往山高路窄，交通不便，从外地向这些地方运送体积大的商品性有机肥和农家有机肥成本高，难度大。如果在这些茶园周边选择适宜的地方，建立茶园专用绿肥作物基地，每年可更多更稳定地为茶园提供所需要的肥料和草料。这对于有机茶生产最为重要。因为有机茶园是不允许施用化学肥料的，外地非有机农业系统的有机肥是受限制施用的，所以要生产有机茶，首先就要在有机农业生产系统内解决肥源和草源问题。在有机茶生产基地中建立有机茶园绿肥作物基地，可在有机茶生产系统内每年稳定地为茶园提供有机肥源和草源，它是解决有机茶肥源和草源问题的一条十分重要的途径。

（二）改善茶园周边的生态环境

改善茶园生态环境条件，是提高茶叶品质、保证茶叶质量安全和提高茶园自然调控能力的一项重要措施，在幼龄茶园以及可以间作绿肥的各种茶园中种植绿肥作物，虽然可增加茶园生物的多样性，对改善茶园环境条件有良好效果，但是，绿肥作物退出茶园之后，茶园生态将变得单一化，改善茶园周边生态环境条件就显得更为重要。

因此，无公害茶、有机茶、绿色食品茶和生态茶的开发，都把改善茶园周边环境条件，放在茶园基地建设的重要位置上。可以在茶园周边，利用荒山野岭、低谷洼地、薄坡瘦地以及弃耕地和荒芜园地等，结合种树、栽草和造林等，建立茶园绿肥基地，使茶、肥、草、林并存，近期与长期兼顾，营造茶叶生产基地与周边的林、树、草等形成一个和谐、平衡、协调，相互促进和共同生长的良好生态环境。有些绿肥作物品种还能美化环境，如多花木兰、红花荞麦、肥田萝卜等，在不同季节可以开出美丽的鲜花，十分诱人，可使茶叶生产基地变得更加美丽。

(三)为饲养动物提供更多更丰富的饲料

山区茶农和茶场饲养动物是十分普遍的副业,也是构成茶区经济发展不可缺少的一个重要因素。茶、畜之间依存的关键是饲料。为了发展茶叶生产,过去所提的“一亩茶一头猪”的口号有些地方落实得很好,猪、茶双发展,其所以如此,关键是饲料问题解决了。茶园周边建立专用绿肥作物基地,是自力更生解决茶农和茶场发展养殖业饲料问题的一个多、快、好、省的方法。因为茶园绿肥作物基地一般面积比较大,它与茶树生长没有“三争”矛盾,可以密植,选择绿肥作物品种的自由度大,不仅产量高,而且收割时间和方式也很宽松,可以按养殖要求进行种、收、用。茶园绿肥作物基地,实际上也可以成为饲料基地。如果绿肥作物基地的秋播绿肥作物品种选择黑麦草和苕子等,每 667 平方米可收青草 3 000～4 000 千克;春播绿肥作物品种如选择龙爪稷和大绿豆等,每 667 平方米可收青草 4 000～6 000 千克,全年合计约可采收近一万千克饲料。这样就能大大缓解山区茶农发展养殖业中的饲料问题。如果绿肥基地面积较大,提供的饲料较多,可以饲养更多的畜禽,将其粪便收集在一起还可以建沼气池,所产生的沼气可以供农家照明、炒茶和烧饭用。这就可以更好地在山区建立复合生态茶园,实现“草、畜、粪、沼、茶、林”循环农业目标,从而提升山区茶叶生产综合经济的效益。

(四)护山保土,提高土地利用率

我国广大山区和半山区茶园周边,都有因为地形条件差、土层浅、土壤酸度不适、临时性积水等多种原因,而被列为非宜茶地的土地,在建园时未被开垦成为茶园,长期处于荒芜状态,成为“自由地”。有的被乱挖、乱种、乱抛弃,利用率不高,并且还造成严重的水土流失,恶化生态环境。如果在茶园基地建设中,把这些非宜茶地统一纳入规划中，因地制宜地把它开发成茶园绿肥作物基地，通过科学种植，良好管理，使它不但能为茶叶生产基地提供肥料、草料和饲料，而且在绿肥作物种植过程中，这些本来冲刷较严重的非宜耕地，水土流失得到控制，土层不断加深，土质不断改善，肥力不断提高，经过几年之后，可以用于种茶、种果、种菜、种粮或作植树造林的苗圃园等。据江西红壤试验站试验，江西第四纪红黏土母质上发育的低丘红壤旱地，集瘦、酸、黏、板、薄为一体，一直未被利用，曾被称之为“红色沙漠”。但经过 3 年有计划的绿肥作物种植之后，表层有机质含量从原来的 6.4 克/千克，提高到 12.1 克/千克，增加 1 倍，不仅可以种茶，而且能获得高产和优质。又据云南省的试验资料，一些低丘地区长期不能长庄稼的瘦红壤旱地种植苕子后翻压，经过几年有计划的种植和改良后，不仅可以种茶，而且获得较好的产量。一些新荒瘦薄的红壤开垦后，先种荞麦，后种苕子，经 2～3 年的改良后，成为了良田和茶园。又据浙江省农业科学院在金华兰溪等地试验，原为寸草不生的红砂岩和红黏土母质发育的低丘“黄筋泥”，经科学开垦和几年有计划的种植绿肥作物之后，不仅能种茶，而且能获得优质高产的茶叶，并生产出名优茶。所以，利用一些原来不能种作物的生荒地作茶园绿肥作物基地，使荒地变为良田或良园，是完全可以实现的。

(五)解决茶园绿肥作物留种难的问题

茶园绿肥作物主要种植在可以间作茶园的茶树行间，任何绿肥作物的留种对各种茶树生长都会产生不同程度的影响。因此，茶园绿肥作物种子的生产，一直是个难题。一般发展茶园绿肥作物都不得不向种子公司或有关单位求购种子。这一方面由于绿肥种植时间季节性强，大面积种植时需求种子量多而且集中，常常因供不应求而影响茶园绿肥作物的推广应用。另一方面种子价格较高，如向外地购买种子则价格更高，增加茶叶生产的投资。这就大大限制茶园绿肥作物的推广应用。如果茶叶生产企业，在规划茶叶生产基地时建立茶园专用绿肥生产基地，由于绿肥基地的绿肥作物与茶树之间没有争水、争肥、争光的矛盾，因而完全可以在绿肥基地中划出一部分绿肥作物作为留种用。这是自力更生解决茶园间作绿肥作物种子问题的最好方法。收种后，绿肥作物的秸秆可以作多种用途，如切碎后粉碎成粉末作畜禽粪便无害化处理的填充物，原料安全，质量好，处理好的有机肥又可施回到茶园，绿肥基地中的绿肥作物得到充分的利用。

二、茶园绿肥作物基地建设的要求

(一)全面规划，合理布局

茶园绿肥作物基地建设，是茶叶生产基地建设中的重要内容之一，也是一项基本建设，应纳入茶叶生产基地建设规划中，进行全面规划，合理布局。

在建设茶叶生产基地时，要对被选的地方进行实地勘察，了解生态、地形、土壤、污染源及交通等方面的情况，然后因地制宜地进行全面的规划。当前，由于环境污染的胁迫程度增加，过去那种“去森林换茶园”，把山上林、树、草一扫光，而搞成“茶海一片”的做法，已不再提倡，而是以保护山区生态环境为核心，按照“整体、协调、循环、再生”的原则，进行统筹规划。通过规划，设法把茶叶生产基地建设成茶、林、草、牧、肥、副结构协调，生物多样的，林中有园，园中有树的“大集中，小分散”式的生态茶园。要求使茶树与周边的林、草、树、畜等相互平衡协调，共同发展。因此，在规划时要按照地形条件进行划分。坡度角为30°以上的，划为非宜茶区，作为林地。对于林地，可以考虑规划成多年生的木本绿肥作物基地。平原划为良田，良田与茶园之间应有隔离带。如果是有机茶园，隔离带要求有8～10米宽；如果茶园与良田接壤，隔离带也可规划成为绿肥作物基地。有些瘠薄地，原为屋基或坟地，或临时性积水的湿地和沟谷，以及常有径流通过的潮土，一般为非宜茶地。但是这些地可以种植各种绿肥作物，也可因地制宜地把它规划成绿肥作物基地。在宜茶区里，也不一定把所有的地块都规划成茶园，而是按地形、土壤、植被等有选择性地规划出几块地，作绿肥作物基地和林地，以保持茶园良好的生态环境。使茶园与周边的树、草相互协调，和谐平衡，使茶叶生产基地中的茶园从大的方面来看是集中的，但具体的茶园地块却比较分散，形成“林中有园，园中有树，树下有草”的生物多样的良好生态环境。为了使绿肥基地的绿肥作物发挥饲用的效能，进行种养结合，规划中应有畜牧场。它应安排在比较隐蔽的地方，其规模可按“一亩茶一头猪”的要求，或按绿肥作物基地面积大小的实际情况来规划，并安排好粪便无害化处理场所。

在山区新垦茶园开垦后，要进行生态修复，即进行植树、造林、种茶等生态建设。这时，也正是茶叶生产基地绿肥作物建设和种植的好机会。原划为绿肥作物基地的，都要种上绿肥作物，路边、沟边、梯边、坎边、零星空地和地角等，都要种树进行绿化。种树时，要选择一些可以肥田的绿肥作物和树种。在大叶种茶区，因天气热，直射光线强，需要在茶园中种植多年的遮荫树，这些遮荫树应选择豆科作物。如台湾相思树、大叶合欢树和托叶楹等。茶园地头应设计有积肥坑，小的凹地可作沤肥池。总之，在茶叶生产基地建设时，要以保护生态环境为核心，把茶园绿肥基地建设纳入规划中，作为茶叶生产基地生态建设的重要内容，合理布置。通过茶园绿肥作物的种植，努力提高茶叶生产基地内生物对太阳能和空气中氮的固定率和利用率，提高茶叶生产系统内物质和生物能的再利用和多层次的重复利用，使每一寸土地都能得到充分的利用，土壤肥力得到提高，生态环境得到保护。

（二）因地制宜选择品种

选好绿肥作物品种，是绿肥基地优质高产的重要技术环节之一。在进行茶叶生产基地的规划时，可能会有好几个面积不等的茶园绿肥作物的基地，有的可能在山上，有的可能在水边，有的可能在低谷，有的可能在坡上，等等。在选择绿肥作物品种时，要根据绿肥作物的生物学特性选择适宜品种，使所选的绿肥作物能在基地上生长良好，能达到改良土壤、有经济利用价值和可以改善生态环境的效果。

如果某一茶叶生产基地建有多处绿肥作物基地时，选择绿肥作物品种时，要做到多品种相互搭配，如多年生木本绿肥作物与一年生或越年生草本绿肥作物相结合；生长期长的绿肥作物与生长期短的绿肥作物相结合；豆科绿肥作物与禾本科或其他科绿肥作物相结合；肥田专用绿肥作物和肥饲兼用绿肥作物相结合；高秆绿肥作物与矮生绿肥作物相结合。

要力求做到充分利用时间和空间，使每一寸土地都能有效地得到利用，把茶叶生产基地构建成生物多样的立体生态园区。例如坡度角在30°以上的坡地是植树造林区，在非经济区林区，可以结合植树造林选择多年生木本绿肥树种，如大叶胡枝子、木豆、苦罗豆、山绿豆和木兰等。如果一些原为低谷、洼地或临时性积水地的绿肥作物基地，可以选择一些耐湿、经水泡的绿肥作物，如田菁和合萌等。如果土层贫瘠浅薄的坡地被列为绿肥作物基地的话，可选择一些抗瘠并具有护坡保土作用的匍匐形绿肥作物，如白三叶草、知风草、无刺含羞草、爬地兰、毛蔓豆和百喜草等。如果是将农田、果园与茶园之间的隔离带作为绿肥作物基地的，应选择一些高秆的多年生绿肥作物或丛生的木本绿肥作物，如紫穗槐、木豆和美丽胡枝子等。如把弃耕园地或弃耕田作为绿肥基地，因其原来有一定的肥力基础，故应选择春播的大叶猪屎豆、柽麻、田菁、印度豇豆、龙爪稷、大绿豆、苏丹草和鸭毛草等，以及秋播的苕子、肥田萝卜、荞麦、黑麦草和箭筈豌豆等。如果原为冷浸田或良田，因规划时被划为茶叶生产基地园区而被列为绿肥基地的，应选择紫云英、黄花苜蓿、苕子、蚕豆、黄豆、黑毛豆、油菜和豌豆等。如果是原为宜茶地因目前暂不种茶而被划为绿肥作物基地，将来还准备要种茶的，应设法选择种茶前的先锋作物或能高产优质的深根系作物，利用它们的根茬提高土壤肥力，利用地上部作为茶园肥料或畜禽的饲料。

总之，一个较大的茶叶生产企业的茶叶生产基地，尤其是绿色食品茶和有机茶生产基地，绿肥基地的绿肥作物品种选择，要根据绿肥作物的生物学特性合理选用，既要考虑茶叶生产园区生态环境条件，又要考虑绿肥作物的适应性、实用性和多样性，力求通过绿肥作物品种的选择和种植，使茶叶生产基地成为一个生物多样性系数高的、对自然环境有良好调控能力的生产基地。

（三）科学栽培，合理利用

为了充分发挥茶叶生产基地中绿肥基地对茶叶生产的作用，必须对绿肥基地进行科学栽培和管理，使它能达到高产优质，同时进行合理利用，能以最少的劳力和成本而获得最大的效益。但是，在生产实践中，有的经营者常常会认为，茶园绿肥作物基地无非都是一些荒山野岭、低谷乱沟或者是一些弃田废地，不种白不种，种一块算一块，长多少收多少，只种不管，只收不投，结果效果并不理想，不能达到可持续生产的目的，最终导致失败。这种想法和做法必须纠正。茶叶绿肥基地的绿肥作物与其他作物一样，同样要投入，同样要管理。关于茶园绿肥基地高产优质栽培管理，不同的绿肥作物品种，尽管都有不同的栽培措施和管理方法，但是，播种前种子的处理以提高发芽率，采用相应的根瘤菌剂拌种以提高其固氮能力，选择合适的播种时期，使其在使用前能有足够时间进行生长，采用必要的方法保全苗，促生长，适量施肥，争取以小肥换大肥，以及防止病虫的爆发等，同样是所有绿肥基地获得高产优质技术的关键所在。这些关键技术在幼龄茶园间作绿肥作物的高产优质栽培技术中，都已阐述过，有许多措施，绿肥作物基地都可以因地制宜地加以采纳和应用。

茶园绿肥作物基地的绿肥利用，要肥饲兼顾、肥草兼顾、肥种兼顾。但是，最佳的利用方式是先作饲料，与其他饲料配合后喂养畜禽，利用其粪便与其他材料配合发酵生产沼气，利用沼液、沼渣作茶园肥料，这是绿肥作物最佳利用途径。但是，当旱情来临时，茶园土壤要覆盖，当然可以直接将其移入茶园作草料，对茶园土壤进行覆盖，其利用效果也是十分不错的。在没有沼气池或畜、禽存栏数不多时，可以将绿肥作物直接送到茶园作埋青或者堆沤成各种有机肥，直接作茶园肥料用。绿肥基地种植的绿肥作物，必须留下一部分作留种用，这是自力更生解决茶园间作绿肥作物种子的最佳方法。

绿肥基地的绿肥作物根茬，一定要留下作基地土壤自肥用。挖根茬作肥料，茶农称它为“吃老本”，对绿肥基地土壤是件十分有害的事，不能提倡，并要加以制止。

对于多年的绿肥作物，尤其山坡、山岭等地的乔木型的绿肥，不能每年都要把它的枝叶全剪光作肥料，而要留下一部分作绿化和自身营养用，并使它的落叶作基地土壤的自肥物质，增加土壤有机质，提高土壤肥力。

绿肥作物基地因为没有茶树，所以利用方法自由度大，可以因地制宜，按需所取，但是必须突出保护茶区生态环境和为茶叶生产服务。如果把绿肥基地的绿肥作物，移至其他作物或茶叶生产基地以外使用，就达不到茶园绿肥基地设置的目的，在茶叶生产经营中要加以避免。

三、茶园绿肥作物的留种技术

（一）茶园绿肥作物留种的意义

茶园绿肥作物主要在幼龄茶园及行间较大的茶园中间作，留种是个难题。在幼龄茶园间作的绿肥作物中留种，由于留种绿肥作物生长期长，养分消耗多，技术不到位常常会影响茶树生长。因此，为了在茶园种植绿肥作物，就不得不向外地采购种子。但外购种子由于受山区土壤、气候条件的影响，适应能力差，种子质量也常常得不到有效保证，从而影响绿肥作物的出苗、生长及产量与品质。另外，外购种子也受到种源的影响，若供货不及时，就会影响播种时间和发芽及生长。还有，向外地购种也增加种茶投资，茶农不易接受，这在很大程度上妨碍它的推广与应用。此外，绿肥作物病虫害种类多，外购种子易引起病虫害的交叉传播。所以，最好的方法是茶叶生产企业或茶叶生产基地，自力更生解决绿肥作物种子问题。

（二）解决茶园绿肥作物种子的途径

1. 合作留种

由农业生产技术部门、茶叶生产协会、茶叶生产合作社牵头，组织需要绿肥作物种子但数量又并不很多的种茶单位签约，由一家生产企业开辟茶园绿肥作物专用留种园进行留种，然后按需要量分到种茶单位，做到一个单位留种，多个单位使用。

2. 自种自用

一些生产规模较大，需要绿肥作物种子较多的茶叶生产企业，可自己单独开辟绿肥作物留种园，自种，自留，自用，机动灵活。

3. 利用茶园绿肥基地留种

凡在茶叶生产基地中建立绿肥作物基地的，应该利用绿肥作物基地的优越性和有利条件，在基地中划出一小块或一角作留种用，在茶叶生产基地中，自力更生解决绿肥作物种子问题。

4. 利用地边、地角进行留种

山区茶园地形复杂，地块切割严重，茶园地边、地角多，不同茶园旁边都留有不能种茶或未种茶的空地，其大小不等，形状不一。这些地边、地角的零星空地，是种绿肥作物的好地方，可以用来作留种用，以解决茶园绿肥作物种子问题。但它的缺点是产量不高，面积不大，因此种子数量也不多，只能解决部分种源问题。

5. 利用幼龄间作茶园留种

1 年生幼龄茶园中行间大，可以利用其中部分绿肥作物作留种用。但对幼龄茶树生长会有一定的影响，必须在合理间作、科学管理条件下进行。因这种方法技术难度较大，所以一般并不大力提倡。

(三)绿肥作物留种的注意事项

1. 选好园地

留种绿肥作物，要求肥力水平高、土层深厚、排水良好的土壤。在确定绿肥作物留种专用地时，选择肥力水平高的园地，有利于绿肥作物生长和提高种子产量。园地应该用水方便，交通便利，光照条件好，通风透光，外来干扰因子少。在绿肥作物基地留种时，要把肥力水平高地块的绿肥作物作为留种用。在地边、地角留种时，也要力求选择土壤良好地块的绿肥作物作留种用。如果没有条件采用专用留种园地或地边地角，而在间作茶园中留种的，也要先选择在肥力水平高的 1 年生幼龄茶园中进行留种，但必须进行疏株留种，茶行间留一行绿肥作物，或采用两行茶行留一条绿肥作物带。也可采用花点式留种，就是在行间隔一段留一小撮，再隔一段，留一小撮的方法，力求少影响茶树生长，并要加强施肥和绿肥作物的株体管理才行。茶园行间留种是不得已而进行的，一般不提倡，尤其是高秆绿肥作物更不能提倡在茶园中留种。

2. 加强田间管理

不管在什么地方，用作留种的绿肥作物，要加强田间管理，其中最重要的是增加施肥、加强病虫害防治和采取必要的促控措施。

(1)施　肥　留种园绿肥作物，因要多产种子，所以对养分的需求量多，消耗大，只依靠土壤中的基础养分是不够的，必须施肥加以必要的补充。一般要施三次肥。第一次是施基肥。就是播种前要施有机肥打底，肥料数量多多益善。第二次是施促苗肥。几乎所有的绿肥作物在苗期生长都很慢，蹲苗时间长，为了促进苗期生长，要施一次促苗肥。豆科绿肥作物以磷、钾肥为主，促进根瘤形成和发育。禾本科和菊科等以氮肥为主，促进营养生长，旺盛发展。第三次是施花果肥。当进入生殖生长时，茎叶上的养分大量向生殖生长器官转移，这时豆科绿肥作物的根瘤已衰老，固氮能力下降，前期又没有施氮肥，这时可适当施一些氮肥，以利于种子的饱满和优质。对于非豆科的绿肥作物，这时要以磷、钾肥为主，促进茎叶养分的转移；少施氮肥，防止后期贪青徒长而影响种子质量。在现蕾、开花、结荚期间，可因地制宜地喷施一些硼、钼、锌、磷酸二氢钾等叶面肥及生长调节剂，如 B_6、增产灵、矮壮素和三十烷醇等。

(2)防治病虫　留种用绿肥作物因生长期长，病虫危害远比埋青、刈割等用的绿肥作物要严重，因为绿肥作物有许多病虫害是在后期出现。如柽麻的枯萎病，苕子的叶斑病等，越是在生长后期越是严重。还有些虫害直接对苗、花、荚、种等造成危害，如蚜虫、蓟马、豆荚螟、豆芫菁、红蜘蛛和造桥虫等，就是豆科绿肥作物留种时危害较严重的害虫，有时会造成颗粒无收。加强留种绿肥作物的病虫害防治，是提高绿肥作物种子产量的重要环节。

(3)株体管理 加强留种绿肥作物管理的目的是多产种，产好种，与作埋青与刈割用的绿肥作物要多产枝叶的栽培目的不同。为了使留种绿肥作物多产种，产好种，在栽培管理中对其株体的营养生长和生殖生长要作必要的调控。在苗期要促进营养生长，中期要控制营养生长，后期要促进生殖生长。因此，对有些绿肥作物要整枝打顶，对有些绿肥作物要引蔓增花。例如蚕豆留种时，在早春要摘去没有花蕾的无效分枝，减少营养消耗，改善通风透光条件，促进有花蕾的有效枝生长，多开花，多结荚，结好荚。如作留种用的苕子，在初荚期要摘一两次分枝的顶端，压制顶端生长，控制营养生长，促进有效枝的成熟和物质的积累，有利于种子的高产优质。作留种用的匍匐型绿肥作物和攀绕性绿肥作物，在生长中期茎蔓生长很快，要作茎蔓爬行架，以延长茎蔓生长，增加日光照射，使下面通风透光，提高茎蔓的光合作用能力，多开花，多结果。爬行架可用竹梢或落了叶的有分杈的枯树枝，插在地里形成不同高度的支架，也可用二条竹竿交插在地里，形成一米左右高的"人"字形支架。一些高秆绿肥作物，在下面开花结荚时，顶端还会不断向上生长，但着花数不多，养分消耗很大。这时，要把顶头打掉，抑制顶端生长优势，保证下位着花结果的养分需求，可提高结荚率和饱满度，从而提高种子的产量。

3. 放蜂帮助授粉

豆科绿肥作物，大多以异花授粉为主。其中虽然也有自花授粉的，但自行授粉一般授粉率都不高，因此坐花率低，结荚率低，到后期花、荚脱落率高。据江苏省农业科学院研究，自花授粉的光叶苕子落花率高达86%～90%，落荚率高达20%～50%，成荚率只有开花数的5%～10%。自花授粉的箭筈豌豆和黄花苜蓿，结荚率也只有现蕾数的30%～50%。如果在花期遇到阴雨天气，授粉率会更低，结荚更少。在留种绿肥作物田周边放蜂，可促进异花授粉的绿肥作物如苕子、紫云英、三叶草和柽麻等的授粉率，从而也可提高结荚率。蜜蜂也能帮助自花授粉的绿肥作物进行异花授粉,从而提高种子杂交优势及质量,是一项一举多得的措施。

4. 收　种

豆科绿肥作物大多是无限花序,因此全序开花后10～30天,植株都有上花下荚的现象,即上面不断开花,下面不断结荚成熟。而十字花科的绿肥作物虽是总状花序,但是抽薹后也是从下到上地开花、结实和成熟,却没有豆科绿肥作物那样明显。

对于豆科无限花序绿肥作物,在收种时一定要做到先熟先收,后熟后收。有些绿肥作物荚果有弹荚现象,就是在天气干旱时,成熟度高的荚果一碰就会自行开裂,将种子弹出,因此,在收种时动作要轻。如果没有劳力条件进行分批分次收种,也可采用一次性收种。但是,必须把握好时间,争取做到收全收净。一般全园80%～90%的荚果发褐,即可收获。有些绿肥作物如紫云英、苜蓿和三叶草等,种子小,荚与种子包裹得很紧,还要采取机械方法将其脱壳,才能获得种子。

对非豆科绿肥作物,如十字花科、菊科及禾本科等,种子成熟较整齐,可以一次性收种,不必分批分次进行。

收种子时,要注意天气预报和天气变化,选择晴朗的天气收种,防止种子被雨水淋湿而霉变。有的种子有绒毛,比较轻飘,可随风飞扬,如肿柄菊的种子就是其一,收种子时要选无风天气采收。

5. 种子保存

种子保存也是绿肥作物留种工作的重要环节。刚收获的种子一般都还没有完全成熟,必须有一个后熟过程。这时,把它在通风的地方放几天,然后把它放在日光下稍微晒一下,种子进一步脱水而休眠,但不要晒得太干,一般以保持5%～10%含水量为好。种子水分太高会发芽、发霉,水分太少硬实率增加,有的会失去发芽能力。

收好的种子虽然处于休眠状态，但还会有呼吸作用。因此，不要用塑料袋包装，而要用通气的麻袋和编织袋装盛，并放在通风干燥的地方，以作第二年播种用。如果留种园病虫害较严重，有些病菌孢子或虫卵会粘在种子上，因此种子在保存时可先用少量的石灰拌一下种，进行消毒后再保存。但田菁的种子不能做消毒处理。

6. 留种绿肥作物秸秆的利用

种子收获后，绿肥作物的秸秆还含有较丰富的养分和纤维素，因此要利用好。可用它作茶园土壤覆盖物，也可将它制成秸秆粉作有机肥无害化处理的填充物，也可用它作沼气原料，放入沼气池中发酵，也可作一般农家堆肥的材料等。但不能放在田间焚烧。焚烧秸秆，一是污染环境，二是浪费资源。无论从什么角度来看，焚烧秸秆都是不合理的，也是不可取的。

第七章　我国茶园主要优良绿肥作物品种介绍

我国茶园绿肥作物种类和品种资源虽然很多,分布也十分广泛,但是经过引种驯化和试验研究,并在生产实践中得到广泛栽培和普遍引种的优良品种,仍然不很多。现根据各茶区引种试种结果和生产实践的应用验证,被确认为茶园优良绿肥作物的,豆科作物中约有50多个品种,非豆科作物中约有10多个品种。现就其中最主要、应用较广泛、效果较好的绿肥作物品种,按播种和生长时间的分类方法,作以简要介绍,供生产者选择时参考。

一、春播夏季绿肥作物

(一)乌豇豆

1. 植物学特征

乌豇豆为豆科豇豆属1年生草本植物。有蔓生型、半蔓生型和直立型三种。适合茶园间作的为直立矮生型乌豇豆,简称为矮生乌豇豆,株体矮小,自然高度为50～60厘米,幼苗长到5～6片真叶后茎延伸成株体。叶为三出羽状复叶,叶宽5～6厘米,叶长7～9厘米(图7-1)。茎叶肥厚,质地柔软,埋入土壤后较易腐烂分解。根系发达,主根长60～70厘米,根幅40～50厘米,侧根长有许多根瘤,其中大复瘤占一半以上。花浅紫色,无限结荚习性,豆荚长10～15厘米,每荚6～10粒种子。种子千粒重90～120克。

2. 生物学特性及环境条件要求

(1)生长特点　矮生乌豇豆全生育期的有效积温约为

2 000℃，日平均气温在 15℃以上就可播种，20℃～25℃时生长较快。在长江中下游广大茶区，从 4 月初到 7 月份均可播种。全生育期为 70～80 天，在我国广大茶区，一年可播种两季。矮生乌豇豆再生能力强，刈割后留茬 7～10 厘米，只要及时进行追施粪水等管理，即可延长其生长期，一个月后再生的枝叶又可覆盖行间，产量较高。

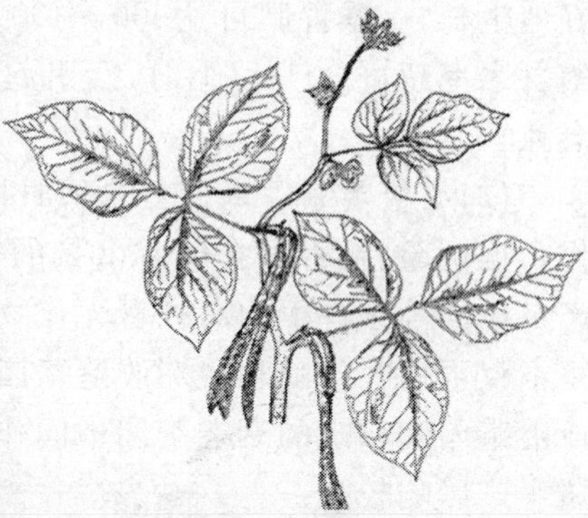

图 7-1　乌豇豆

据在浙江、江西红壤茶园试种，一年种两季的(头季 4 月上旬播种，6 月下旬埋青；二季 6 月中下旬播种，8 月下旬至 9 月初埋青)，667 平方米产青肥可达 800～1 000 千克。如采用一季种植、多次割青的栽培方式，即 4 月上旬播种，6～9 月份刈割 1～2 次，667 平方米产青肥可达 600～800 千克。

(2)环境条件要求　矮生乌豇豆对土壤要求不严格，一般在 pH 4～8 的土壤上都能良好生长，抗旱能力强。据江苏省农业科学院试验，在黏土含水率为 15%～20%时播种，种子可 100%发芽出苗，正常生长。当含水率低于 5%时不发芽。在砂土上适宜的土壤含水率较窄。当土壤含水率在 10%～15%时，种子约有 90%发芽出土生长；当含水率低于 10%时种子不能发芽。矮生乌豇豆因根系长有很多根瘤，对土壤氮素要求不严，在缺氮的土壤上也能较好地生长，表现较强的耐瘠性，在低肥力的黏土、砂土及壤土上都能生长，因而较适于低丘红壤茶园种植。

据在浙江、江西、湖南第四纪红黏土和第三纪红砂土茶园试种结果，一般矮生绿肥作物难以生长的新垦茶园，矮生乌豇豆却能较好地生长,一季青肥可达300~400 千克。但它忌积水,一般在土壤含水率超过 30%以上时,会引起烂根和根瘤脱落,长期积水便会死亡。

(3)光照要求 乌豇豆是短日照作物,耐阴性强,适宜茶园间作。据试验,在直射光仅为 30%的行间,也能较好地生长,其青肥产量比同等条件下的高秆喜光作物高 2~15 倍。所以,矮生乌豇豆不仅可以在幼龄和台刈改造茶园中间作,也可以在行间较宽的成龄茶园和稀疏的衰老茶园中间作。矮生乌豇豆株体矮小,对茶树生产影响较少。

(4)结瘤特性及养分含量 据测定,红壤茶园中春播的矮生乌豇豆,一般每株有 20~50 个根瘤,瘤重达 0.3~0.4 克。夏播的一般每株有 10~40 个根瘤,瘤重 0.2~0.3 克。在茶园夏季绿肥作物中,矮生乌豇豆的根瘤虽然不算最多,但体积大,重量较重,固氮酶活性较强。因此,固氮能力强,植株养分含量较高。据测定,春播的矮生乌豇豆长到开花结荚时,茎叶的含氮量约为 35 克/千克,含磷(P_2O_5)量约为 10 克/千克,含钾(K_2O)量约为 21 克/千克。夏播的养分含量低一些,含氮约为 30 克/千克,含磷约为 8 克/千克,含钾约为 20 克/千克。

矮生乌豇豆是一种兼用性作物,既可作绿肥,也可作饲料。据江苏省农业科学院测定,在盛花期茎叶的粗蛋白质含量为166.0~195.0 克/千克,粗脂肪含量为 37.7~40.9 克/千克,粗纤维为 180.0~193.4 克/千克,灰分为 111.8~135.7 克/千克,无氮浸出物为 448.3~492.0 克/千克,是家畜的一种好饲料。

3. 改土和增产茶叶效果

(1)改土效果 矮生乌豇豆由于固氮能力强,养分含量高,间作后不仅可提高土壤有机质和养分含量,而且由于它属矮生型,在行间间作可防止水土流失和土壤水分蒸发,同时还可抑制杂草生长,具有较好的保土、防旱和减少杂草生长的良好作用,是一项一举多得的改土措施。据20世纪60年代在浙江嵊县和杭州西湖区试验结果，幼龄茶园一年间作两季矮生乌豇豆，春播的作夏季土壤覆盖物铺在行间，夏播的作秋冬基肥埋青，当年夏季土壤含水率提高2%～5%，连续间作3年，土壤有机质和有效养分都有不同程度的提高，可为以后茶叶高产优质奠定良好基础(表7-1)。

表7-1　幼龄茶园间作矮生乌豇豆的改土效果　(吴洵等)

项　目		嵊　县		杭　州	
		不间作	间　作	不间作	间　作
土壤水分(%)		16.84	18.02	15.10	20.15
杂草(株/10米茶行)		147	101	214	95
土壤有机质(克/千克)		10.1	13.5	12.9	19.8
土壤有效养分(毫克/千克)	N	41	50	39	58
	P_2O_5	5.1	10.4	7.5	9.6
	K_2O	54	60	50	81

(2)增产效果　据茶园绿肥试验网试验资料，无论是新垦的幼龄茶园、台刈改造茶园，还是空间较大的稀植老式茶园，行间合理间作乌豇豆，对茶树生长、茶叶产量和品质，都有较好的促进作用。尤其在新垦幼龄茶园中，间作效果更好。如幼龄茶园连续三年种植矮生乌豇豆之后，第五年茶园投产时青茶叶产量达410.0千克/667平方米，不间作的只有354.5千克/667平方米，间作比不间作的增产15.7%(表7-2)。又如2001年，在浙江上虞和余姚高山有机茶园中试种乌豇豆，4～5月份播种，7～8月份埋青，到10月下旬茶苗生长结束时，间作乌豇豆的茶苗高度平均为52厘米，而不间作的平均高只有42厘米。树幅也一样，间作乌豇豆的平均达到50厘米，而不间作的只有37厘米，间作乌豇豆经埋青后，对促进新垦有机茶园的茶苗生长是十分明显的。

表 7-2　幼龄茶园间作矮生乌豇豆对茶树生长的影响

茶园类型		不间作	间　作
茶树生长	二龄树高(厘米)	31	33
	三龄树高(厘米)	47	50
	四龄树高(厘米)	55	60
	五龄树高×树幅(厘米)	60×75	65×90
五龄茶园鲜叶产量(千克/667 米^2)		354.5	410.1

4. 栽培关键技术

(1)密　度　合理密植是茶园间作矮生乌豇豆成功的关键。无论是春播还是夏播，乌豇豆和茶树在茶季都处于迅速生长状态。为防止乌豇豆和茶树之间出现争肥、争水、争光的矛盾，必须因地制宜地选择适宜的种植密度。据长江中下游广大茶区生产实践，中小叶种单条播的幼龄茶园行间间作矮生乌豇豆，一龄茶园间作3条，二龄间作2条，三龄间作1条；台刈改造茶园当年间作2条，第二年间作1条；其他丛栽老式茶园或空间较大的种植茶树园，可见缝插针，力争多间作。

(2)播种时间　矮生乌豇豆播种的适期较长。在长江中下游地区，一般4～7月份都可播种。一年两熟的，头季宜在4月上中旬播种，至6月中下旬可拔株埋青；二季宜在6月中下旬或7月初播种，到伏旱之前豆蔓已覆盖行间。一般早播的生长期长，营养生长时间长，青肥产量高，质量也好。

(3)施　肥　矮生乌豇豆根瘤多，固氮能力强，除苗期施用一些稀薄的人粪、尿外，在整个生育期内一般不必施氮肥，但对磷、钾、钼、硼等肥反应敏感。在播种前所施的基肥中加入磷、钾肥，可获得良好的增产效果。据试验，单施磷肥可增产10.1%，单施钾肥可增产20.5%，但单施氮肥只增产8.6%，磷钾配施可增产27.1%。在茎叶生长期间喷施硼肥和钼肥，可促进根瘤形成和增加，增强固氮能力，促进根系生长，收到根深叶茂、茎叶肥厚、高产优质的效果，而且种子也饱满。

(4)防治病虫害　矮生乌豇豆由于茎叶肥厚鲜嫩，营养成分高，因而较易遭受病虫危害。害虫主要有蚜虫、斜纹夜蛾、豆荚螟等。病害主要有枯萎病。生长初期易受蚜虫危害，尤其在天气干旱时，最易发生。在蚜虫发生初期及时用药，可收到良好的防治效果，否则蚜虫会危害茶苗。斜纹夜蛾主要在幼苗期和开花期为害，常常群集在叶背食叶，它是茶树共害性虫害，要结合茶树治虫一起加以防治。豆荚螟发生在7～8月份，危害豆荚，主要对留种乌豇豆发生危害。枯萎病主要发生在低湿茶园的乌豇豆上，病株先是顶端茎叶枯萎，以后逐步向下蔓延，使整株枯死。有发病史的地方，其乌豇豆种子须用0.3%～0.5%浓度的多灭灵液泡一天，可有效防止病害发生。已发病的可喷用半量式0.5%～0.7%波尔多液进行防治。

5. 利用方式

矮生乌豇豆是经济价值很高的多用性作物，可作肥料和行间覆盖物，也可作饲料和食用。埋青作肥料的，埋青须离开茶行30～40厘米，以防止青肥发酵生热，烧坏茶根。作土壤覆盖物用的，可采取多次刈割方式，即4月份播种，6～8月份多次刈割用作行间覆盖物，对防止土壤干旱、暴雨冲刷以及抑制杂草生长等，都有很好的效果。不论是一年两种的，还是一年一种多割的，都宜在植株生长到开荚期时进行拔株或刈割。这时植株养分含量最高，作青肥质量最好，作饲料时营养也最高。豆荚可食用，有很高的营养价值。

(二)大叶猪屎豆

1. 植物学特征

大叶猪屎豆为豆科野百合属，又名大叶猪屎青、野百合、响铃豆等，为1年生直立草本植物。叶片长椭圆形，长约15～17厘米，宽3～7厘米，单叶对生或互生，质软肥厚，叶柄短。茎圆形，茎中有髓，老化后空心，成熟期株高150～200厘米，在华南气温高的地区可长到250厘米。根深50～70厘米，侧根发达而平展，可伸展到50～100厘米宽，侧根和支根结有垒叠状的肉色根瘤，越是接近表土结瘤越多。花为总状花序，每序约开20～30朵黄色蝶形花。荚果呈矩形(图7-2)，果内结有10～20粒种子，成熟后自行落入荚果壳中，摇动时会沙沙发响，故称响铃豆。种子肾形，千粒重15～20克。种皮蜡质层厚，呈酱色发光。种子硬实，硬实率高，一般为20%～40%。

2. 环境条件要求及生物学特性

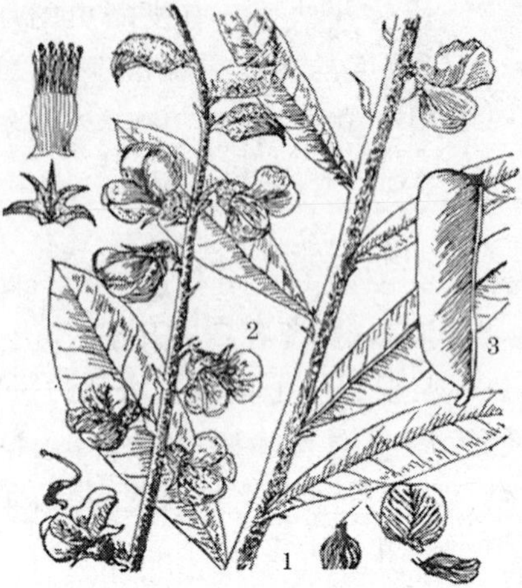

图7-2　大叶猪屎豆
1. 茎叶　2. 花　3. 荚果

(1)环境条件要求　大叶猪屎豆是喜温耐高温作物，原本生长在热带的印度、越南等地，20世纪50年代引进我国并逐步得到驯化。种子在15℃时开始发芽，最适发芽温度为20℃左右，最适生长温度为25℃～35℃。高温生长缓慢，有耐高温特点，烈日不会引起灼伤，可耐受长时间的35℃～40℃高温而不枯死。它不耐冻，如播种期过晚，成熟期推迟，遇霜冻时会无果。

它耐旱能力强。在第四纪红黏土茶园中，当含水率下降到15%时虽生长停止，但不萎凋；当在第三纪红砂岩茶园中土壤含水率下降到10%时，也未发现有萎凋的表现。它不但不怕旱，也不怕涝，当土壤含水量超过田间持水量 95% 和接近潴水时，能生存 20 天不死亡。所以它不仅可作旱地绿肥作物，也可作稻田绿肥作物。

大叶猪屎豆对土壤要求不严格，砂、黏、壤等土壤都能生长。适宜 pH 值很宽，在 pH 值为 4.0～7.5 的土壤上，都能生长。江西和浙江低丘红壤地区茶园的生产实践证明，大叶猪屎豆在集瘠、板、酸、黏、实为一体的“黄筋泥”和“僵黄泥土”茶园中，都能良好生长。茶农们说：“天晴一把刀，天雨一团糟，响铃豆照样长得好”，说明大叶猪屎豆对不同土壤有很强的适应能力。因此，它在丘陵坡地、库塘坝堤、零星空地以及荒山野岭，都可以种植。

(2)生长发育特点　大叶猪屎豆有早熟和晚熟等多个品种。早熟的全生育期约 160～190 天，晚熟的约 210～230 天。据江西省农业科学院蚕茶研究所在低丘红壤茶园中引种试种结果，早熟种 4 月初播种，10 月中旬成熟(表 7-3)。

表 7-3　大叶猪屎豆在江西低丘红壤茶园中的生长期表现

播种期	出苗期	盛花初荚期	成熟期	全熟期
4 月 5 日	4 月 15 日	8 月 10～15 日	10 月 10～15 日	180 天

8 月中旬割青，667 平方米产量可达 1 000 多千克

云南省农业科学院茶叶研究所在云南热带地区茶园引种大叶猪屎豆，早、晚熟种在 3～5 月都可播种，5～6 天可出芽，8～11 月份可开花，9～12 月份可结荚，10 月份至翌年 1 月份可收种。大叶猪屎豆有很强的再生能力，在长江中下游广大茶区一年可刈割一次，一般在 8 月份左右进行；在华南茶区，一年可刈割 2～3 次，刈割后会延长生育期。

(3)结瘤固氮特点和养分含量　大叶猪屎豆的固氮菌属豇豆族，能浸染豇豆、胡枝子、葛藤等的固氮菌对大叶猪屎豆都有浸染性。据中国农业科学院茶叶研究所在云栖高地引种观察，出苗长

出真叶后15～30天，侧根就可见根瘤。成熟植株根瘤数为30～80个，有的重叠在一起形成生姜状。施磷肥和钼肥对结瘤有很大的影响(表7-4)。

表7-4 磷肥和钼肥对大叶猪屎豆结瘤的影响

处　理	全苗期	开始结瘤日期	盛花期(8月25日)		
			平均每株根瘤数量(克/株)	根系含氮量(克/千克)	叶子含氮量(克/千克)
对　照	4月25日	5月30日	7.5	21.5	30.0
施磷肥	4月25日	5月21日	17.6	25.0	34.5
施磷肥 钼肥拌种	4月25日	5月15日	31.5	28.9	37.8

由于大叶猪屎豆有根瘤，根系发达，所以植株养分含量较高。据江西省农业科学院和四川省林业科学院的分析结果，其植株平均含氮量一般都在20～30克/千克左右(表7-5)。但大叶猪屎豆含有较高的生物碱和氰一类的有毒物质，不能作饲料用。

表7-5 大叶猪屎豆的养分含量

江西省农业科学院分析资料(盛花期)(克/千克)			四川省林业科学院分析资料(克/千克)		
N	P_2O_5	K_2O	N	P_2O_5	K_2O
27. 1	3.1	8.2	39.4	5.4	12.8

3. 改土和增产茶叶的效果

大叶猪屎豆因为是豆科作物，有固氮能力，与所有豆科作物一样，对增加土壤有机质、全氮及土壤有效养分，都有良好作用。据江西省农业科学院红壤研究所试验，红壤生荒旱地种植大叶猪屎豆第一年，土壤有机质含量只有1.8克/千克，全氮只有0.02克/千克；第二年，土壤有机质增加到2.5克/千克，全氮含量增加到

0.052克/千克。对大叶猪屎豆埋青利用后的作物增产效果，一般达6.4%～22.8%。茶园间作大叶猪屎豆增产效果也十分明显。据福建省农业科学院茶叶研究所试验，幼龄茶园间作大叶猪屎豆，通过秋埋和伏埋，茶园产量比不间作的高13%～15%(表5-2)。

浙江省蒋堂农场地处低丘红壤腹地，土壤是典型的"天晴一把刀，天雨一团糟"的黄筋泥，新垦幼龄茶园茶树根系伸展不开，生长较差。而种植大叶猪屎豆2～3年后，茶树主根比不间作的长出35.0%，株高比不间作的高68.3%。浙江省安吉林场和上虞茶场，绍兴东方红茶场及杭州茶叶试验场等，在开垦幼龄茶园中都大面积间作大叶猪屎豆，对以后这些茶场或茶园的高产优质，都起到了重要的作用。

4. 栽培关键技术

(1)种子处理 大叶猪屎豆种子硬实度高，必须经过擦、泡处理，播种后才能发芽。播种前，可用砂子碾擦等方式破皮后，再用40℃～50℃温水浸泡数小时，使其吸胀后，同时，还要用相应的根瘤菌剂拌种，然后才能下种。用处理后的种子下种时，土壤含水率不能低于20%，否则种子会回干死亡。

(2)播种时间 在长江中下游广大茶区，可于清明后立即播种。早播，早出芽，早刈割，可获得较高的青肥产量。江北茶区可在4月中下旬播种，华南茶区可提早到2～3月份播种。在适宜播种期内，一般在同等条件下，播种时间与产量成正相关，早播可获得高产、优质的青肥。

(3)播种方法 大叶猪屎豆适宜穴播，每穴播3～5粒种子，播种深度为2～3厘米，播后盖土轻压。一般1～2年生茶园茶行间播2～1行，3年生茶园已不适宜播种大叶猪屎豆，应改种乌豇豆、黑毛豆及伏花生等矮秆绿肥作物。

(4)磷、钾肥作底肥，加喷钼肥 磷、钾、钼肥对大叶猪屎豆增产提质效果好，在播种时每667平方米用20～30千克过磷酸钙或钙镁磷加10～15千克钾肥打底。在幼苗期蹲苗时，可适当施稀薄的粪水和沼液，蹲苗结束后喷施1～2次0.25%钼酸铵，促进根瘤的生长和提高固氮能力。一般不必施氮肥。

(5)及时防除草害 大叶猪屎豆出苗后有较长的蹲苗期，一般为15～30天不等。这时必须及时除草，否则有些强势性恶草会压抑大叶猪屎豆小苗生长而造成草荒，结果导致间作失败。

(6)防治病虫害 大叶猪屎豆病虫不多。小苗时要防止地老虎、蚜虫为害。个别茶区茶园有黄条跳甲为害，最严重的是结荚期豆荚螟为害，这对于不留种的间作茶园问题不大，而对于留种园则要加强对豆荚螟与黄条跳甲的防治。

5. 利用方式

大叶猪屎豆属高秆绿肥作物，有很多利用方式。第一，将其作种前先锋作物最为理想；第二，通过适当整枝和打顶，可作1～2年生幼龄茶园遮荫物；第三，可通过多次刈割作土壤覆盖物和直接埋青作肥料等；第四，可以作堆肥、沤肥、泥浆肥及沼气原料；第五，种子可榨油作工业原料。但是要注意，其青肥和种子不能作饲料。

与大叶猪屎豆相似的茶园春播夏季高秆绿肥作物，还有柽麻、三圆叶猪屎豆、三尖叶猪屎豆和杂交野百合等，其生长特性、栽培管理和利用方式，与大叶猪屎豆大同小异，各地可因地制宜引种试种，加以推广应用。

（三）田　菁

1. 植物学特征

田菁为豆科田菁属，又名咸菁、菁子和涝豆等。原产于热带和亚热带地区，1年生草本植物。羽状复叶，叶柄长5～15厘米，小叶20～30片，呈线状矩圆形，长10～15厘米，宽2.5～3.0厘米，先端钝，基部圆形(图7-3)。茎圆形，株高1.5～2.0米，在热带地区可自然生长到3米以上。茎皮韧纤维长，耐拉性强。根系发达，根长1.5～2.0米，根幅50～70厘米，主根和分枝根都有根瘤。花为总状花序，花长1～2.0毫米，2～10朵排列疏松，腋生，黄色，外边带紫斑。荚果长15～20厘米，直径为2～3毫米，呈圆柱状长条形。种子数多，圆柱形，长3毫米，千粒重约14克，硬实率为30%左右，高的达50%以上。种子越是老熟，收种越晚，硬实率越高。

2. 环境条件要求及生物学特性

(1)环境条件要求　田菁喜温，耐高温，不耐寒。气温达到15℃～25℃时，种子才能发芽，低于12℃种子不发芽。最适生长温度为20℃～30℃，25℃时生长最快，20℃以下时生长缓慢。遇霜冻会造成落叶而逐步死亡。但在35℃以上高温时，生长也缓慢，40℃高温时停止生长。在长时间高温天气下，也会枯焦死亡。

图7-3　田　菁

田菁需水量高，蒸腾作用强烈。据试验，其耗水量约为玉米的2倍以上。因此它抗旱能力低，耐涝不耐旱，干旱季节生长缓慢。经驯化，现在也有抗旱性强的品种。茶园中种植的，都为抗旱能力较强的新品种，如中南田菁、海南田菁和青茎田菁等。这些品种在田间达最大持水量的60%～80%时，都能正常生长。

田菁对土壤要求不严格，在砂、壤、黏和酸、碱、盐的土壤上，都能生长。过去一般是作海滨盐碱土的绿肥作物，而20世纪60年代引种驯化后，在红壤旱地上也能良好生长。90年代在浙江兰溪酸、黏、板、结、瘦的低丘红壤茶园引种试种，生长也十分良好。广东云浮市将它引种在河口丘陵山背上新垦茶园中种植，生长也十分良好。江西省蚕茶研究所在典型的第四纪低丘幼龄红壤茶园引种试种田菁，每 667 平方米青肥产量高达 2 400 千克，属高产型高秆绿肥作物。

田菁是短日照作物，对光照反应敏感，引种江北茶区会延长生育期，喜光不耐阴，怕阴不怕晒。在茶园间作有遮光时，会影响分枝直冲向上生长，以求及早接受更多的光照。

(2)生长特点 田菁可春播也可夏播。春播生长期长，夏播生长期短。全生育期在长江中下游广大茶区，早熟种为 100～120 天，中熟种为 130～150 天，晚熟种为 160～200 天。无论是春播或是夏播的都有一个较长的蹲苗期，春播的蹲苗期长达 40 天左右，夏播的只需 20 天左右。在蹲苗期，植株生长很慢，过后生长迅速，叶枝茂盛。据江西省蚕茶研究所在红壤茶园中引种晚熟种田菁试验，4 月 5 日播种，10 月上旬才可成熟收种，生长期长达 178 天（表 7-6）。

表 7-6 春播田菁(晚熟种)在茶园中的生育期 （刘育模）

播种期	出苗期	盛花期初荚期	成熟期	全生育期
4 月 5 日	4 月 12 日	8 月 10～15 日	10 月 3～10 日	178 天

田菁在红壤茶园中，株高可达 240 多厘米，根深可达 50 厘米，青肥产量可高达 2 400 千克/667 平方米（表 7-7）。

表 7-7 春播田菁在红壤茶园中生长和产量 （韩贤强）

播种期	调查期	地上部生长		地下部生长		青肥产量（千克/667 米^2）
		株高（厘米）	分枝数（枝）	根长（厘米）	根瘤数（个）	
4 月 5 日	8 月 19 日	241.7	13.8	44.9	194.1	2400

田菁再生能力强，耐台割，在长江中下游广大茶区，一年可刈割 1～2 次，在华南茶区一年可刈割 2～3 次。如据安徽试验，在宣

郎广低丘陵茶园种植，4 月 15 日播种，7 月 12 日可进行第一次刈割，每 667 平方米幼龄茶园青肥产量可达 880 千克，到 9 月 27 日再生的青肥产量又可达 1 750 千克(表 7-8)。

表 7-8　春播田菁在红壤茶园中的生长量和产量　(韩贤强)

播种期	第一次刈割			第二次刈割				合计青田菁产量(千克/667 米^2)	成熟期
	时间	留株高度(厘米)	刈割青田菁产量(千克/667 米^2)	时间	平均株高(厘米)	平均单株产量(克)	青田菁 667 平方米产量(千克)		
4 月 15 日	7 月 12 日	50	880	9 月 27 日	160	150	1750	2630	9 月中下旬

另据云南省农业科学院茶叶研究所在热带大叶种茶园中引种试种和推广应用田菁的结果，其生长期虽明显缩短，3 月份播种，7 月份就开花，8 月份中进入盛花期，刈割可延长其生长期。由于当地气温高，生长极为迅速，再生能力更强，全年可刈割三次，平均每 667 平方米青肥产量可达到 2 500～3 000 千克。从各地在茶园中引种和推广应用结果表明，田菁在茶园中是再生能力极强、耐刈割的高产绿肥作物。

(3)结瘤和固氮特点及养分含量　田菁根系发达，结瘤多，固氮能力强，一般出苗后 15～20 天就可结瘤。田菁根瘤菌是一种不属以上 7 种菌株的特别根瘤菌株。它的菌种一般附着在种子上，播种时不需再接种，但对种子做消毒处理都会影响它的结瘤效果。据河南省新乡调查，春播结瘤率高，夏播结瘤率低，每株根瘤量约 2～5 克，占植株总重量的 4%左右。据中国农业科学院土壤肥料研究所测定，田菁在花荚期固氮能力最强，春播的高于夏播的(表 7-9)。田菁因根瘤多，固氮能力强，所以植株含氮量较高，而且具有较强的富钾作用。但是，其植株养分含量与种植土壤条件有很大的关系。种植在红壤茶园中的养分含量都不如种植在农田中的养分含量高(7-10)。这就说明土壤条件对田菁绿肥质量有很大影响。不同生育期的植株，其养分含量变化较大。一般情况下，植株绝对干物质的养分含有率，幼龄期至生长盛期较高，以后随着植株的衰老和木质化程度的增加，而逐步下降。所以，对它的利用应掌握在生长盛期前和花荚期较为妥当。

表 7-9　田菁不同生育期的固氮能力

（中国农业科学院土壤肥料研究所）

项　目	测定期（月·日）	生长期	植株含氮率（%）	植株含氮量（毫克/株）	固氮能力〔还原乙烯量（微克分子/株·小时）〕
春　播	7月5日	苗后期	3.885	132.09	8.56
	8月9日	花　期	3.479	1040.22	26.00
	9月16日	初荚期	2.875	1515.13	26.50
	9月19日	成熟期	2.049	770.42	16.70
夏　播	8月16日	苗后期	2.787	100.33	16.70
	9月6日	花　期	2.508	456.46	14.64
	9月19日	初荚期	2.161	1123.72	12.78
	10月12日	成熟期	1.978	791.20	4.14

表 7-10　田菁绿肥的养分含量

种植在低丘红壤茶园中的田菁			种植在麦田中生长盛期的田菁		
N（克/千克）	P_2O_5（克/千克）	K_2O（克/千克）	N（克/千克）	P_2O_5（克/千克）	K_2O（克/千克）
26.0	5.4	16.8	28.6	7.5	25.6
资料来源于安徽劳动大学			资料来源于山东省农业科学院作物研究所		

3. 改土和增产提质效果

田菁作为高秆绿肥作物，在茶园中种植时，对土壤的作用是多方面的。它不仅具有增加土壤氮素含量、促进土壤矿物风化、提高土壤有效养分含量的作用，同时也具有遮荫保护土壤水分的效能，尤其是作为干旱土壤的覆盖物处理，对提高土壤肥力尤为明显。目前，还没有关于茶园施用田菁之后土壤理化性质变化的测定资料。但从茶园间作田菁后，通过遮荫、覆盖、埋青等方式的连接利用，表明对茶树生长和产量的影响是十分明显的。据科学工作者观察和研究，低丘红壤幼龄茶园间作田菁后，成龄园的茶叶产量及茶叶质量，都有明显提高(表7-11)。但田菁原来作盐碱地和海涂绿肥作物较多，在茶园中间作还有许多技术问题和效果问题，仍须加强研究。

表 7-11　低丘红壤茶园间作田菁的效果　（韩贤强）

处　理	茶叶产量		茶芽密度		茶芽重		茶芽机械组成(%)	
	千克/667 米^2	%	个/米^2	%	克/100 个芽	%	对夹芽	正常芽
间作田菁	298.2	144.9	374	129.4	64.0	112.3	9.3	90.7
不间作	205.8	100.0	289	100.0	57.0	100.0	18.5	81.5

4. 栽培关键技术

(1)选好品种　田菁品种很多。有早熟种，如苏农田菁和德农田菁8号等；中熟种，有中南田菁和华东田菁等；晚熟种，有海南田菁、青茎田菁和大膨田菁等。各地茶园要根据田菁品种特点和间作田菁的目的，选好适宜的品种。在选种时特别要注意，北种南移生长期会缩短，南种北移生长期会延长。只作埋青肥料用的可选早熟种；既作覆盖、又作遮荫、再翻埋作肥料的，力求选择晚熟种。

(2)种子处理　田菁种子硬实率高，种皮膜质层厚实，必须作擦、浸处理后播种才能发芽。但不能对种子做消毒处理，否则结瘤率会下降。一般用细沙和种子按1∶2的比例放在石舂里，轻轻作旋转式的碾磨5～10分钟后筛去细砂，然后将种子放在35℃～40℃温水中浸泡15～30分钟，再在常温水中浸24小时后取出下种。这时土壤的含水率必须在20%以上，否则，已吸胀的种子会被土壤吸水而回干，这就会严重影响发芽能力。播种时种子不必作根瘤拌种，因为它会自行结瘤。

(3)选好播种期 田菁可春播，也可夏播，在华南茶区的某些高温地区也可秋播，越冬后春天埋青。其中春播产量高，结瘤多，鲜草质量好。夏播产量低，结瘤少，品质差。春播时，长江中下游广大茶区在4月上旬播较为合适，华南茶区以3月份播种较为合适。具体时间要结合当地茶园农事加以合理选择。

(4)磷肥打底 田菁与其他豆科绿肥作物一样，对磷肥反应较敏感，增产效果好，播种时要在施肥沟、穴下施磷肥，但不要使种子与磷肥直接接触。尤其是过磷酸钙不能作田菁拌种用，也不能与种子直接接触，否则会影响结瘤和发芽；要施在播种沟、穴下的15～20厘米处。

(5)及时除草防草荒 田菁蹲苗时间长，晚熟种春播苗可蹲苗30～40天。这时也正是春草生长期，如不及时除草，杂草会掩盖田菁苗，而田菁又是十分喜光的作物，一旦被杂草掩盖，菁苗生长就会受到抑制，严重影响后期生长和产量的形成。

(6)清枝整株形，切根防“三争” 幼龄茶园间作田菁，多半是为在伏天防止强光对茶苗的灼害。由于田菁蹲苗后生长快，分枝多，低位分枝容易影响茶苗生长，因此要及时打去低位分枝，促进田菁顶端优势，使它迅速向上生长，拔高植株，然后通过刈割再生长和打顶，使它形成伞形株以达到较好的遮荫效果。另外，田菁根系发达，侧根容易伸向茶行而影响茶树对养分的吸收，从而造成争水、争肥的矛盾。到伏天来临前，要在田菁与茶树之间进行切根，可采用铁锹垂直向下深切，或挖沟等方式，切断田菁20～30厘米土层深处伸向茶行的侧根，促使它的根向深处扩展，以收到更好的间作效果。

(7)病虫害防治 田菁的病虫害并不很多。苗期主要有蚜虫、地蚕等危害，长大后有螨类、蓟马和豆芫菁等危害。其中蓟马和螨类是茶树共害性虫害，轻微的毋须防治；如果较严重，可结合茶树其他病虫害，喷洒相应的农药加以防治。

5. 利用方式

田菁是一物多用性绿肥作物。由于它耐贫瘠，生长快，因而可作新垦地的先锋作物种植，也可在滩地、台地、坡地等地块上种植，作绿肥基地建设作物，也可作 1 年生幼龄茶园行间间种作遮荫物。由于田菁株型高，因而也可以作有机茶园的隔离带种植，茎叶可以作土壤覆盖物或埋青作肥料。田菁也是一种很好的饲料，营养价值很高（表 7-12）。

表 7-12　田菁饲用的营养价值

项　目	粗蛋白	糖	粗脂肪	无氮浸出物	灰分	粗纤维
含量（%）（按干物质计）	15～20	—	1～3	20～30	5～10	10～25

另外，田菁的茎秆纤维长，韧度高，留取种子后可剥其皮，作编织和做绳索用。茎秆还可烧活性炭等。可以说，田菁全身都是宝。因此，自 20 世纪 60 年代由中国农业科学院茶叶研究所引种试验之后，广东、云南、江西、安徽、福建等主要产茶省，都引种试种，并得到较大范围的推广，深受广大茶农的欢迎。

（四）绿　豆

1. 植物学特征

绿豆为豆科菜豆属草本植物，作茶园绿肥作物用的主要有速生、直立、矮生型小绿豆和半蔓生、生长期长的大绿豆两种。速生矮生型小绿豆为三出复叶，小叶为尖卵形，叶子大，长 5～10 厘米，宽 3～4 厘米，叶质肥厚。茎直立，分枝多，有粗糙的毛，成熟时株高 50～100 厘米不等。直根系，根长 30～50 厘米，侧根多，主、侧根上都长有根瘤。总状花序，一序开5～10 朵小黄花。荚果长5～

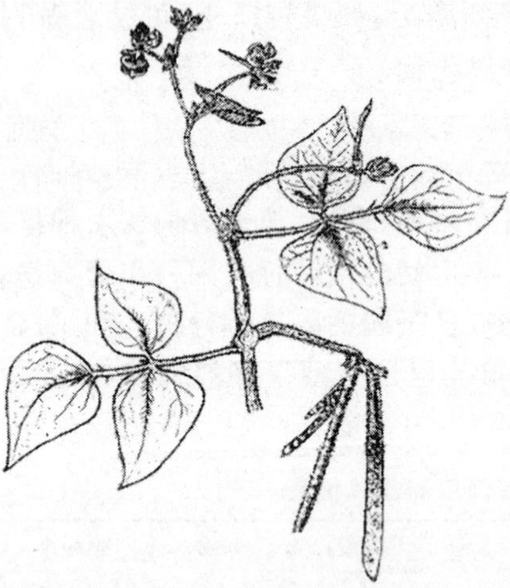

图 7-4　绿　豆

10 厘米，粗 5～6 毫米，含有 4～15 粒种子（图 7-4）。种皮绿色，种子短矩形，千粒重30～40 克。硬实率低，为 3～5%。全生育期为 60～90 天。大绿豆根、茎、叶、花、果与小绿豆相似，但粗大，后期倒伏生长，呈半蔓生型。生长期长，如广东大绿豆和印尼大绿豆生长期长达 200 多天，株长 200 多厘米。有再生能力，可刈割。种子千粒重 40～50 克，种皮厚，硬实率稍高，为 5%～10%。

2. 环境条件要求及生物学特性

(1)环境条件要求　小绿豆抗寒性强，抗热性差，一般在长江中下游及江北茶区适种。高温易使叶子灼伤而停止生长。大绿豆抗寒能力低，抗热能力强，适宜在长江中下游及华南茶区种植。两种绿豆的发芽温度为 15℃～17℃。小绿豆的适宜生长温度为 20℃～30℃，大绿豆的适宜生长温度为 20℃～35℃，种植时要予以满足。

小绿豆叶片大，肥嫩，蒸腾作用大，耗水量大。根系不深，抗旱能力差。一般当茶园土壤含水率低于 15%时就会生长不良。而大绿豆根深发达，叶质厚，抗旱能力强，在土壤含水率同样为 15%时仍能生长。两种绿豆最适生长的土壤含水量大致相接近，为最大田间持水量的 75%～90%。但不能积水，它们都不耐涝。

绿豆对土壤要求不严格，在砂、酸、黏土上都能种植。但小绿豆抗瘠能力低，在生荒新垦贫瘠茶园中不易生长，更适合中等肥力水平茶园种植。而大绿豆抗瘠能力强，更适宜在新垦贫瘠茶园中种植。大绿豆对磷素反应比小绿豆更敏感。

(2)生长特点和青肥产量及质量　小绿豆生长期短，4 月份播种，5～6 月份开花并可埋青，7～8 月可收种；6～7 月份播种的，8～9 月份可开花，10 月份可收种。所以，一年可间作两季小绿豆。大绿豆生长期长，4 月份播种，到 10 月份才能开花(表 7-13)，一年只能间作一季。小绿豆产量低，大绿豆产量高。但在不同地区的土壤条件下及不同的茶园类型中，其产量差异很大。如江西省农业科学院蚕茶研究所，将大绿豆在低丘红壤幼龄茶园中种植，每 667 平方米的产青肥量只有 2 000 千克左右(表 7-14)。而中国农业科学院茶叶研究所在浙江高山有机茶园中种植时，其产量高达 3 000 多千克。在相同条件下，大绿豆的青肥产量一般可比小绿豆高一半左右(表 7-15)。

表 7-13　不同大绿豆品种在低丘红壤茶园中的生长表现

(江西省农业科学院蚕茶研究所)

大绿豆品种	播种期	出苗期	盛花初荚期	成熟期	全育期
印尼大绿豆	4 月 5 日	4 月 10 日	10 月 3～10 日	10 月 25～30 日	200 天
广东大绿豆	4 月 5 日	4 月 15 日	10 月 3～10 日	10 月 25～30 日	195 天

表 7-14　不同大绿豆品种在低丘红壤茶园中的产量

(江西省农业科学院蚕茶研究所)

绿豆品种	播种时间	调查时间	地上部生长		地下部生长		青肥产量	
			株高(厘米)	主分枝数	根长(厘米)	根瘤数(个)	千克/667 米^2	%
印尼大绿豆	4 月 5 日	8 月 19 日	105.9	2.0	45.2	27.7	1600	100.00
广东大绿豆	4 月 5 日	8 月 19 日	126.8	3.9	28.2	16.0	1800	112.5

表 7-15 大绿豆和小绿豆在有机茶园中的生长及产量

名称	在上虞雪大岙有机茶园中				在余姚里岗有机茶园中			
	播种时间	株高(厘米)		产量(千克/667米²)	播种日期	株高(厘米)		产量(千克/667米²)
		6月26日	7月25日	8月21日		6月1日	8月2日	8月8日
地方小绿豆	5月24日	25.5	40.0(已花)	21331(已荚)	4月15日	25.0(已花)	35.0	1704.8(已荚)
印尼大绿豆	5月24日	29.5	90.0(末花)	3732.9(末花)	4月15日	29.0	79.0	3104.9(末花)

摘自《有机茶园绿肥品种筛选和推广应用试验工作报告》(2004年10月)

绿豆茎叶嫩,叶质肥厚,茎叶比约 1∶2,质量好。据江西、河南、浙江等地的养分含量分析结果,N 为 20～40 克/千克,P_2O_5 为 5～6 克/千克,K_2O 为 20～30 克/千克。其中以初花期为最高。不同品种绿豆含氮量差异较大,其中小绿豆高于大绿豆,广东大绿豆又高于印尼大绿豆。但由于产量不同,产量高、生育长的大绿豆,氮素积累量多,对肥园贡献率高。但大绿豆纤维含量高,在土壤中的分解速度较缓。据在有机茶园中的分解模拟试验,在 8 月份的气温和土壤含水率 25%的条件下,埋青 15 天后小绿豆植株被分解 62%,而大绿豆植株只被分解 43%。所以大绿豆肥效慢,但有利于土壤有机质的积累。

3. 对土壤改良和茶树生长的影响

绿豆青肥质量好,改良土壤效果明显。中国农业科学院茶叶研究所有机茶研究与发展中心,在上虞和余姚有机茶园中的试验,新垦 2 年生幼龄有机茶园行间间作 2 行绿豆,与不间作的对比,土壤有机质和全氮含量等都有明显增加(表 7-16)。其中大绿豆对提高土壤有机质含量和促进土壤养分有效化程度比小绿豆要好。

表 7-16 绿豆对提高有机茶园土壤养分的效果 (张优等)

处理	有机质(克/千克)	全N(克/千克)	有效养分(毫克/千克)		
			N	P_2O_5	K_2O
不间作	19.8	1.01	76	18	80
间作大绿豆	26.4	1.40	136	32	120
间作小绿豆	24.1	1.36	122	31	91

关于茶园间作绿豆之后对当季茶树生长的影响，在幼龄茶园中和台刈改造茶园中表现不同。大绿豆由于株体大，生长快，在当年春后台刈改造茶园间作，对茶树当季新梢生长有一定的负面影响，埋青后第二年才表现出有促进茶树生长的作用。在2年生幼龄茶园中间作，也有同样的表现。小绿豆由于株体小，在幼龄茶园中间作，前期对茶树生长影响不明显，埋青后绿豆青肥分解后发力，促进茶苗生长。到茶树生长结束时，间作绿豆的茶园，其茶树高、幅度均比不间作的要好(表7-17)。大绿豆株体大，更适宜作种茶前的先锋作物和在1年生幼龄茶园间作，不适宜在台、剪的改造茶园间作。而小绿豆由于株体小，且是速生作物，因而更适宜于2～3年生幼龄茶园和台、剪的改造茶园间作。

表 7-17 茶园间作绿豆对茶树生长的影响

<table>
<tr><td colspan="2">试验点</td><td colspan="6">余姚里岗</td><td colspan="4">上虞雪大岙</td></tr>
<tr><td colspan="2">茶园类型</td><td colspan="4">二年生有机茶园</td><td colspan="2">当年春茶后台刈茶园</td><td colspan="4">二年生有机茶园</td></tr>
<tr><td colspan="2">观察日期</td><td colspan="2">8月8日</td><td colspan="2">10月11日</td><td>8月10日</td><td>10月15日</td><td colspan="2">8月7日</td><td colspan="2">10月10日</td></tr>
<tr><td colspan="2">高、幅度(厘米)</td><td>高</td><td>幅</td><td>高</td><td>幅</td><td>新梢长(厘米)</td><td>新梢长(厘米)</td><td>高</td><td>幅</td><td>高</td><td>幅</td></tr>
<tr><td rowspan="3">处理</td><td>间作小绿豆</td><td>38</td><td>26</td><td>49</td><td>46</td><td>12.5</td><td>26.9</td><td>39</td><td>29</td><td>49</td><td>55</td></tr>
<tr><td>间作大绿豆</td><td>33</td><td>24</td><td>43</td><td>39</td><td>8.6</td><td>19.2</td><td>38</td><td>28</td><td>48</td><td>47</td></tr>
<tr><td>不间作</td><td>38</td><td>25</td><td>42</td><td>37</td><td>15.9</td><td>24.1</td><td>40</td><td>28</td><td>45</td><td>35</td></tr>
</table>

摘自《有机茶园绿肥品种筛选和推广应用试验工作报告》(2002年10月)

4. 栽培关键技术

(1)品种选择 绿豆品种很多,对于不同茶园要选择相应的品种。对于生荒新垦贫瘠1年生幼龄茶园,可择优选择间作大绿豆;对肥力水平较高和2～3年生茶园,可择优选用间作速生小绿豆;台刈改造和重、深修剪的茶园,最好选用长垣绿豆进行间作。长垣绿豆生育期只有65天,出苗后40天可开花,早播早埋,减少与茶树生长的矛盾。作先锋作物或绿肥基地种植的绿肥作物,应选用高产、生长期长的大绿豆,如印尼大绿豆、云南和广东大绿豆等。

(2)种子处理 绿豆种皮薄,硬实率低,种子一般不用作擦、浸等处理。土壤墒情良好时可以直接下种,能自然吸收水分出芽,但要作根瘤菌剂拌种。凡菜豆属的根瘤菌剂,都能对绿豆有浸染作用而形成根瘤。

(3)磷、钾肥作底肥 绿豆对磷肥反应敏感,增产效果也十分明显。如据河南省农业科学院土壤肥料研究所在半坡店试验,不施磷肥的绿豆每株干物质重只有13～15克。而667平方米施50千克过磷酸钙肥后,每株干物质重提高到76～85克,增加好几倍。磷肥对绿豆青肥的质量也有良好的作用。据该所试验,不施磷肥的绿豆干物质氮、磷、钾含量分别只有16.0～23.0克/千克,3.30～4.58克/千克和15.1～21.0克/千克;而施磷肥之后,分别提高到26.5～28.4克/千克,5.09～11.42克/千克和18.1～26.3克/千克。绿豆不仅嗜磷,也是嗜钾作物。植株含钾量高,生长期间需钾量多。因此,播种时要用磷、钾肥作底肥。一般播种前667平方米施20～40千克过磷酸钙和10千克硫酸钾,即可收到较良好的增产、提质效果。

(4)播种时间 绿豆的适宜播种时间各地不同。长江中下游可在清明前后播,江北茶区可选在4月中旬播,华南茶区可选在2月下旬至3月上旬播。在适宜播种期内,要力争早播。大绿豆早播后青肥可高产,小绿豆早播可早埋青,有望一年争取播两茬绿豆。

(5)防治病、虫、草害 绿豆病虫害较多，尤其是大绿豆生长期长，易遭病虫危害。苗期有蚜虫和地老虎，生长中期有叶象甲、叶甲、螨类、蓟马和小叶蝉等，后期有豆荚螟和豆芫菁等。病害主要有炭疽病和叶枯病等。如发现有病虫害必须及时防治。速生绿豆没有蹲苗期，生长期短，第一茬不受杂草影响。后茬在6～7月份播种时，正是梅草生长期，要注意苗期防草。大绿豆蹲苗期长，要注意苗期的杂草防治，做到及时除草。

(6)播种方法 绿豆以穴播为宜。小绿豆株穴距15～20厘米，大绿豆株穴距25～30厘米。穴深3～5厘米，每穴播种2～3粒，盖土轻压。小绿豆根据茶树年龄采用“1-2-3对3-2-1”的播种方式。大绿豆只在1年生幼龄茶园中间作，在2年生以后茶园和台剪改造茶园中，一般不宜间作。

5. 利用方式

绿豆是粮、菜、饲、肥兼用作物，经济价值高，利用广泛。在过去山区传统农业生产方式时代，多数茶园是以茶粮间作方式进行生产的，其中绿豆是重要的杂粮间作物之一，收种后将秸秆和根茬翻入茶园作肥料。在专业茶园中这已不能采用了。为了提高绿豆利用的经济价值和效果，可以根据当地实际情况，将菜、饲、肥利用加以综合考虑。如大绿豆作种茶前先锋作物种植时，可根据其逐步开花、逐步结荚的习性，先采一部分果荚后再埋青，可提高绿豆青肥纤维素含量，有利于土壤有机质的提高和改土效果。如作1年生幼龄茶园间作的，可利用它再生能力强的特点，在开花前先刈割一部分茎叶作饲料，既可减少绿豆和茶树生长之间的矛盾，又可提高绿豆青肥的产量。如间作小绿豆的，可利用它速生快长和逐步开花、逐步结实的特点，早种，早开花，早结荚，收一部分早荚后再埋青作肥料，紧接再种第二茬绿豆。也可先收一部分早荚，然后埋青。总之，绿豆是经济价值高，营养好的作物，在茶园中种植，必须以有利茶树生长为核心，充分合理地加以利用。

(五)黄花耳草

1. 植物学特征

黄花耳草为茜草科耳草属,又名野花生,在长江中下游及江北茶区为一年生,在华南茶区为越年生或多年生草本植物。叶片长3～6厘米,宽2～4厘米,叶柄短,附着在茎节上,对生,尖卵形。茎呈方棱形,质嫩软,节间有不定根,并有长毛,分枝多,茎长150～200厘米,匍匐生长,高度不超过50厘米(图7-5)。根浅,主根不发达,主要分布在0～15厘米土层内。花黄色或白色,着生在叶腋间,每个叶腋结一簇果,每果结子2粒。种子小,形如小麦种,但约只有小麦种子的1/5大小。

2. 环境条件要求及生物学特性

(1)环境条件要求 黄花耳草原本是热带和亚热带植物,喜温、耐热,在两广及闽南就可以越冬。但不耐寒,在长江中下游广大茶区不能越冬,在江北茶区不能结子。

黄花耳草抗旱能力强,在土壤含水率为15%～20%的条件下能生长,但较缓慢;在土壤含水量为25%～30%时生长最好。但不耐涝,湿涝会烂根烂叶。由于它是匍匐生长,在茶园伏旱期对土壤有保水作用,所以它依然能正常生长。

黄花耳草对土壤要求不严格,抗酸,耐瘠性强,一般在荒坡地、新垦茶园及梯边、坎边、地边、地角都能种植,并生长良好。但在积水土壤上不能生长。

(2)生长表现及青肥的产量与质量

黄花耳草在长江中下游广大茶区,生长期为150～180天,4月份播种,8～9月份可开花,10～11月份可结实。在华南茶区可在自然条件下越冬,并有不断生长、不断开花和结实的习性,而且还有下面叶片不断枯死、前面继续发芽生枝生长的特点。它再生能力强,一年可刈割2～3次。在江南茶区4月份播种,7～8月份可刈割，9 月份可进行第二次刈割。在华南茶区，10 月份还可进行第三次刈割。

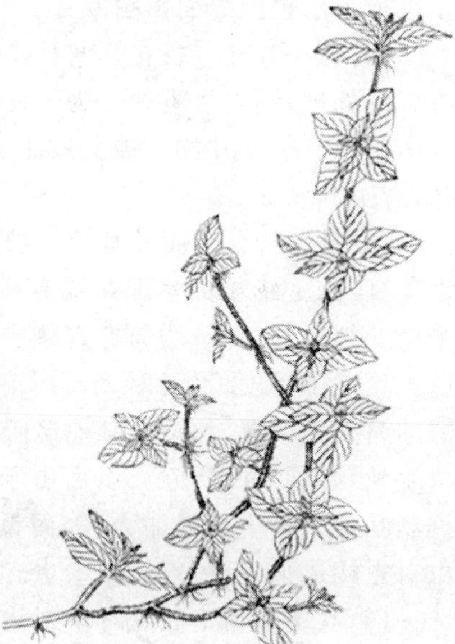

图 7-5　黄花耳草

黄花耳草是高产型绿肥作物。据福建省福鼎县翁江茶场试种，1～2 年生幼龄茶园间作 2～3 行黄花耳草时，青肥产量可高达1 000～1 500 千克以上，高的可达 2 500 千克。如果作种茶前先锋作物种植，一年刈三次，产量可达 4 000～5 000 千克。据广西水冲农场试验，在茶园梯壁上种植，每 667 平方米一次刈割就可达到 713.5 千克。而且，黄花耳草茎叶柔嫩，压青后容易腐烂，但由于它生长快，产量高，质量并不好，盛花期植株的含氮量只有 10.8 克/千克，含磷量只有 3.8 克/千克，含钾量只有 8.3 克/千克，不及豆科作物高。但它产量高，纤维含量也高，改土效果好。中国农业科学院茶叶研究所在改造“十八亩”茶园时，曾在幼龄期间作两年，改土效果较为明显。此外，浙江嵊州和新昌，以及广东、广西、福建等地的茶园，都曾广泛引种，改土效果表现也十分明显。

3. 栽培关键技术

黄花耳草抗旱、抗瘠能力强，生长快，对土壤要求不严，栽培方法很简单。

(1) 整　地　黄花耳草种子细小，播种时容易落到土壤裂缝中而失去发芽能力。因此，播种前必须把大土块打碎后整好耙平，防止小种子落进土缝而影响发芽。

(2)种子处理 黄花耳草种皮薄,没有硬实种,不需要作擦、碾等破皮处理,可直接下种。为了促进早发芽,也可将其种子放在温水中浸泡1～2小时后,拌上焦泥灰下种,使种子着落土表,不落土隙,有于利发芽。

(3)播种方法 黄花耳草一般适宜条播,开沟深度为5～10厘米,沟底铺上细小的焦泥灰或有机肥,再在肥料上铺一层5～7厘米厚的细土,把种子均匀撒在细土上,再盖上约1厘米厚的薄土;以不见种子为度,不可厚盖。当苗高5～10厘米时可施洒一次稀薄的腐熟人粪尿、沼液或其他沤肥,以促进小苗生长。苗期如有杂草生长,必须及时防除。以后由于它生长迅速,并匍匐爬行,具有抑制其他杂草生长的能力,因而无须再除草。目前未见有什么病虫对它构成危害,一般无须治虫。

(4)打头清园 黄花耳草根浅株矮,与茶树生长矛盾小。但它生长快,分枝多,出苗发棵后很快就会占据整个茶行空间,横向的分枝有可能会伸向茶行挤压小茶苗。因此,要及时将伸向茶行的分枝顶头摘掉,或把它转向,使它沿茶行空间处生长。

4. 利用价值和方法

黄花耳草养分含量虽不高,但它具有独特的株型优势、抗性优势、生长优势和再生优势,因此,在茶园中仍有很高和广泛的利用价值。一般它可作坡地新垦茶园的先锋作物,也可作幼龄茶园的间作物,还可作护坡、保坎的梯边植物。它的不定根具有很好的固土能力,青肥也可作饲料。

作先锋作物种植时,一般不刈割,让其自然生长,到结实前一次性翻入土中作肥料。作幼龄茶园间作物时,要刈割2～3次,一方面防止它生长过快影响茶树生长,另一方面可提高青肥的质量和产量。刈割下的青绿枝叶,可作饲料,也可作堆沤肥料用。作堆肥时,可先放在地头坑中堆沤成肥料,到秋冬时作茶园基肥施用。

作护坡、护梯种植时，可将刈割下来的青草作为成、幼龄茶园的覆盖物，或作饲料都可以。总之，它虽不是豆科作物，但也是一种一物多用的茶园好绿肥作物，有很广泛的推广应用价值，在提倡茶园生草栽培中，它可以作为优选草种之一。

二、秋播冬季绿肥作物

（一）箭筈豌豆

1. 植物学特征

箭筈豌豆为豆科巢豆属植物，又名野豌豆、巢豆等。它的品种类型很多，其中大叶箭筈豌豆，也称大荚箭筈豌豆，最适宜茶园间作。它是越年生半攀缘性植物。茎长100～250厘米，分枝多，一般达30～50个，茎枝柔嫩。根系发达，根长20～40厘米，根幅为20～25厘米，多根瘤。叶为羽状复叶，小叶6～10对，短锥形或倒卵形，小叶前端中间有小突尖，叶形似箭筈，因此得名。叶质柔软，埋入土中容易腐烂分解。枝蔓顶端有卷须（图7-6）。花紫红色。果荚扁长，长6～7厘米，内含5～9粒种子。种子有斑纹，千粒重40～70克，硬实率低，一般为5%～15%。

2. 环境条件要求及生物学特性

(1)环境条件要求　箭筈豌豆对土壤要求不严，在pH4～7的土壤中都能生长。抗寒能力强，生长起点温度低，一般在3.5℃的低温条件下就能缓慢生长，在－6℃条件下也不受冻。另外，耐瘠抗旱，在低肥力条件下能获得较高产量，最适宜在南方新垦的低丘红壤上种植。如浙江金华地区孝顺农场，大部分茶园为紫红泥，土壤集酸、黏、瘦、板特点为一体，1公顷茶园引种试种大叶箭筈豌豆后，平均每667平方米产肥青1 900千克。泰顺县大安村8公顷（120亩）黄泥土茶园引种试种结果，平均每667平方米产肥青达

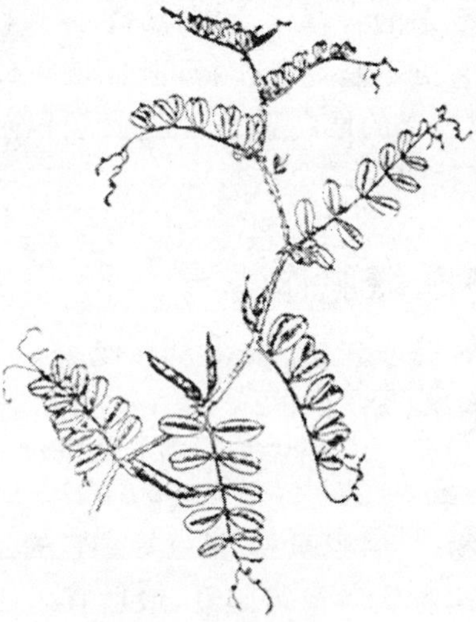
图 7-6　箭筈豌豆

2 400千克，比紫云英高 21%。临海县桐峙区杏中村在黄泥沙土茶园引种，平均每 667 平方米的鲜草量高达 3 345 千克。江山市泥质页岩风化的新垦茶园，土层浅薄，土质黏重，满地石片，肥力低下，引种紫云英绿肥作物均告失败，但引种大叶箭筈豌豆，却生长良好。5.33 公顷(80 亩)新垦茶园，平均每 667 平方米产肥青1 700千克。据试验对比，大叶箭筈豌豆的抗逆性，远强于紫云英等。

(2)结瘤特点　大叶箭筈豌豆结瘤早而多，一般在苗期 2～3 片真叶时就能形成根瘤。据宁波地区农科所的研究，在浙北 10 月份播种，至第二年 3 月中旬，每株有效根瘤达 26.7～74.0 个，到 4 月下旬增加到 67.1～119.0 个。根瘤的固氮能力比其他箭筈豌豆品种强得多。如固氮酶活性，大叶箭筈豌豆全年平均达 45 微克乙烯/小时，而其他品种只有 8～23 微克乙烯/小时。据研究，植株营养生长期固氮量约占全生育期固氮量的 95%。其中秋播的返青期和春播的伸长期，是根瘤固氮能力的高峰期。现蕾以后明显减弱，进入结荚期后固氮能力自然消减。所以，加强返青期和伸长期的田间管理，促进根瘤固氮能力的充分发挥，这对以后的肥青产量和质量有重要作用。

(3)养分含量　大叶箭筈豌豆是固氮能力很强、含氮量较高的豆科作物。据浙江旱地绿肥攻关协作组试验资料，其茎叶含氮量为 26.1～28.5 克/千克，含磷(P_2O_5)量为 7.1～7.8 克/千克，含钾(K_2O)为 15.5～18.5 克/千克，肥青的折干率也很高，达 19.8%～20.9%。在茶园中间作大叶箭筈豌豆，若按每 667 平方米产 3 000 千克鲜草计算，则单是地上部分就可获得约 16.9 千克氮、4.6 千克磷和 10.4 千克钾。如果把地下部根系和根瘤也计算在内，则就更多了。如果把它直接埋青，就等于给茶园重施了一次高质量的有机肥。

3. 改土和增产提质效果

大叶箭筈豌豆耐瘠高产，养分含量丰富，鲜草折干率高，所以对改土及提高茶叶产量和质量的效果十分明显。如浙江金华新垦第四纪低丘红壤幼龄茶园，土质黏重，酸度高，有效养分含量低，土性差，引种大叶箭筈豌豆间作 3 年后，平均每年每 667 平方米产肥青达 3 500 千克，均用于埋青。3 年后，土壤有机质含量、酸度及有效养分等均有明显改善(表 7-18)。第四年和第五年茶叶产量比不种大叶箭筈豌豆的对照茶园提高 31.6%，春茶和秋茶的氨基酸含量及酚氮比等也有明显改善，为以后茶叶高产优质奠定了良好的基础。

表 7-18　新垦幼龄茶园间作大叶箭筈豌豆对土壤养分的影响

处　理	pH 值	有机质含量(克/千克)	全氮含量(克/千克)	有效养分(毫克/千克)		
				N	P_2O_5	K_2O
不间作	4.5	6.9	0.61	12	痕	39
间作三年	4.8	7.4	0.98	46	5.8	74

4. 栽培关键技术

(1)适时播种　大叶箭筈豌豆全年生育期为 210～230 天，所需 0℃以上总积温为 2 440℃～2 500℃。种子在地温达 5℃～7℃时就可发芽，但要高产优质则需力求早播。长江中下游广大茶区，以在 9 月下旬至 10 月上旬播种为宜，一般为茶园基肥施后立即播种。播种太晚，气温低，发芽迟，生长慢，早霜来临易使小苗受冻，而且晚播的分枝少，根系生长差。据湖北省农业科学院试验，在适播期内每提早 10 天播种，每 667 平方米肥青产量可增加 400～500 千克。另据浙江省宁波地区农科所研究，播种时间与根系结瘤及肥青产量有直接关系，适当早播可增加根瘤数，提高肥青产量（图 7-7）。大叶箭筈豌豆也可春播，但其产量和质量远不如秋播的高和好。

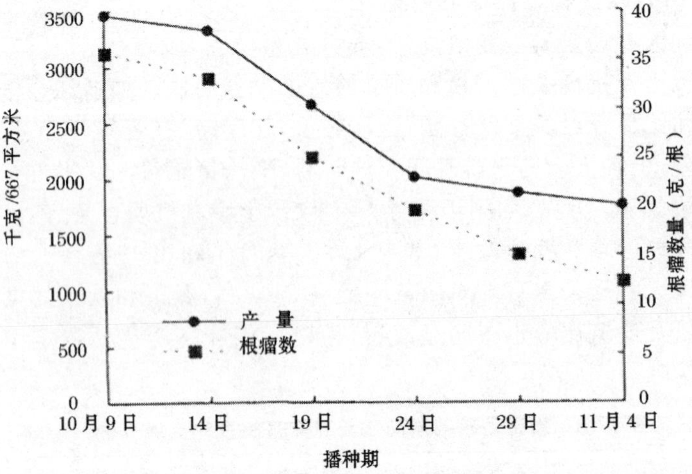

图 7-7 大叶箭筈豌豆播种期与根瘤数量和产量的关系

(2)根瘤菌拌种 箭筈豌豆种皮薄，硬实率低，种子不需作碾、擦破皮处理，可直接下种。为了提高发芽速度，可用 30℃～40℃温水泡浸 1～2 小时后下种。为了使大叶箭筈豌豆早结瘤，多结瘤，提高肥青的质量，需采用根瘤菌拌种后下种。根瘤菌剂要“对号入座”，一般豌豆属的根瘤菌种对大荚箭筈豌豆都有良好的侵染能力。如一时找不到大叶箭筈豌豆的根瘤菌菌剂，可用种过大叶箭筈豌豆、豌豆或蚕豆等，而且生长较好的土壤拌种，也能收到一定的接种效果。

(3)增施磷、钼肥 大叶箭筈豌豆对磷、钼肥反应十分敏感，增施磷、钼肥，可提高结瘤率，提高根系的固氮能力和对土壤矿物质的吸收能力，这对促进绿肥作物生长，提高肥青产量和质量，都有明显的效果。据研究，在播种前每 667 平方米施 20 千克过磷酸钙，肥青的氮、磷、钾含量就能有明显的提高。

(4)合理密植 在茶园内间作大叶箭筈豌豆，既要充分利用空间，又要不妨碍茶树生长。因此，要因地制宜地根据茶园的不同类型，采取不同的种植方式，这是茶园间作好大叶箭筈豌豆的关键。据实践经验，幼龄茶园可采用“1—2—3”对“3—2—1”的间作方法。4 龄茶园退出间作。重修剪后的茶园，当年可间作 1 行；台刈改造的茶园，台刈当年间作 2 行，第二年间作 1 行，第三年退出间作。播种方式可采用穴播或条播。穴播的穴距为 10～15 厘米，条播的播幅为 12～15 厘米，具体要看茶树生长状况和土壤肥力而定。茶树生长好、土壤肥力高的，进行稀播，反之则密播。播种后盖土 3 厘米厚。对丛栽和缺株断垄严重的茶园，在不影响茶树生长的前提下，见缝插针，力争多播，争取多产鲜草。

(5)苗期除草 大叶箭筈豌豆苗期因气温低，生长缓慢，最容易被杂草淹没。因此，苗期要经常除草，以保证全苗、齐苗和壮苗，这是争取高产的重要措施。但不能施用除草剂，否则会杀伤大叶箭筈豌豆的幼苗。

(6)防治病虫害 箭筈豌豆为越冬作物，抗病性又强，病虫害不十分严重，在茶园中未发现有严重暴发性的病虫害。只是在早春有蚜虫和豆芫菁，后期有豆荚螟等害虫危害。如不很严重可不用药；如果十分严重，则可结合茶树病虫害防治，喷洒相应的农药。但是要注意，春天正是采茶季节，如果必须单独对箭筈豌豆用药时，一定不要把农药喷洒和飘移到茶树上，以防止对春茶的农药污染。

(7)清园防攀绕 大叶箭筈豌豆是半攀绕性植物，它的卷须常常会缠绕在茶苗的枝干上影响茶树生长。有时卷须缠绕新梢，使新梢无法展开，从而影响新梢生长。因此，要经常对爬到茶树上的藤蔓进行清理，必要时要摘掉卷须和爬到茶树上的枝条，以防影响茶树生长。

5. 利用方式

大叶箭筈豌豆可作肥料和饲料，种子可食用，是一种品质较好、经济价值较高的兼用性绿肥作物。利用方式多，用途广。作绿肥时，既可以作土壤覆盖物，又可埋青。作土壤覆盖物时，可在4月中下旬，待植株开始结荚时进行拔株。这时枝秆木质化程度较高，产量高，品质也较好。如果直接埋青，可在4月上中旬盛花期翻埋，这时植株鲜嫩，木质化程度低，翻埋后在土壤中容易分解。如果作沤、堆肥的原料，可根据当地具体情况，在盛花期至采种期的任何时间都可进行。作堆肥时，在地头挖坑，就地沤堆，以后就地施用。如果采摘豆荚食用或作饲料，则应在豆粒硬度适当时摘取。大叶箭筈豌豆可在6月上旬采种，当荚果变为黄褐色时，于晴天收割或拔株。因为这时荚果不易开裂。采后必须及时晒干打种，防止霉变。种子营养价值高，蛋白质、氨基酸含量丰富，出粉率可达53.8%。一般每667平方米的播种量为2～3千克，可产豆100～150千克。种子含有微量氰氢酸，对人、畜有一定毒性，作饲料和食用时要事先作去毒处理。去毒方法简单，只要用冷水（或温水）浸泡数天，就会大大减少氰氢酸的含量，达到食用的要求。

（二）肥田萝卜

1. 植物学特征

肥田萝卜又名满园花、萝卜青等，为十字花科越年生或一年生植物。幼小时叶簇生在短缩茎上，长大抽薹后伸展直立。株高达100厘米左右，分枝较多。老熟后茎中空有髓，木质化程度高，纤维含量丰富。根为直根系，主根膨大后成长圆形萝卜（图7-8）。

根系不深，约30～40厘米，侧根不发达。它与通常的菜用萝卜的不同是地上部叶子发达，青叶多，而地下萝卜个小，质地较硬实，所以作肥料用有它的优越性。抽薹后顶端发育成总状花序，每个花序坐花率高，一般有数十朵，开白花，开花较整齐，到开花季节园中全是一片白色花，十分美丽，故称“满园花”。果荚长圆形，长约4～5厘米，含种子3～6粒，不自行开裂，不易脱荚和脱子，千粒重约8～15克，全熟生长期为150～200天。

2. 环境条件要求及生物学特性

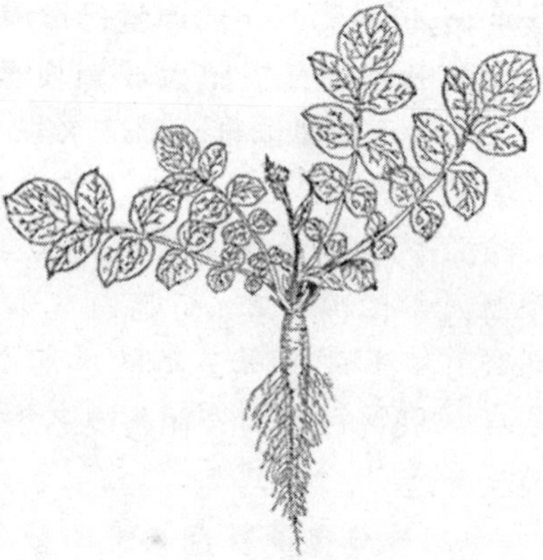

图7-8　肥田萝卜

(1)环境条件要求　肥田萝卜对土壤条件要求不很严格，在新垦的酸、板、瘠的红壤茶园中能良好生长，并能获得较高产量。据福建省农业科学院茶叶研究所从闽北引入肥田萝卜，在闽东山地的不同年龄幼龄茶园中间作，667平方米产萝卜青（除地下部外），一般肥力水平的可达1 000～1 500千克；肥力水平较高的可达4 000～5 000千克。又据中国农业科学院茶叶研究所有机茶研究发展中心与国家环保总局有机食品发展中心合作，在浙江上虞和余姚陆埠高山新垦有机茶园中进行绿肥推广和应用试验，1～2年生幼龄茶园间作肥田萝卜，一般667平方米产肥青（含地下部萝卜头）可达3 000～4 000千克，位居鸭毛草、三叶草、苜蓿、豌豆、蚕豆和紫云英之首。说明肥田萝卜具有较强的耐瘠性，在新垦红壤茶园中有很好的适应性，并可获得较高的产量。

肥田萝卜虽为越冬作物，但抗寒能力一般，种子发芽最低温度为 4℃，在 10℃时也能缓慢生长。日平均温度短期下降到 0℃时不受冻，短期下降至－5℃～－7℃时就会有冻害表症。但突然降温和长期低温也会造成严重冻害，尤其抗风冻能力较差。2001 年，在上虞龙浦雪大岙有机茶园中试种，12 月 24 日当地山区气温明显下降，土壤地表有薄冰，夜间气温下降到－5℃时，受冻率为 0.5%～2.5%。第二年 2 月 5 日，是气温最低的一天，达到－8℃，其冻害明显加重，达 30%。受冻后的叶子虽能自行恢复，并能继续生长，但对第二年的产量已形成不良影响。

肥田萝卜直根肥大成肉质萝卜，水分含量高，像个“蓄水葫芦”，土壤干旱时能自动调节水分，保持地上部正常生长。因此，它抗旱能力较强。据在浙江上虞龙浦有机茶园中试验，在 0～20 厘米深的土层内，土壤含水率降为 12%～15%的条件下，不少绿肥作物因干旱而死苗，而肥田萝卜却能生长，其成活率达 90%～95%。与此同时，紫云英的成活率仅 5%～7%，鸭毛草的成活率也只有 20%～30%。在茶园冬季绿肥作物中，肥田萝卜是最抗旱的品种之一。

(2)养分含量特点　肥田萝卜具有较强的聚磷和聚钾特性。在其生长过程中，对钾元素的需求最多，株体内钾含量高。据江西测定，盛花期其磷的含量为 6.4 克/千克，钾的含量为 36.6 克/千克。但肥田萝卜属没有根瘤的植物，没有对空气中氮的固定能力，氮的含量不高，只有 28 克/千克。不过它对土壤中难溶性矿物质吸收和利用的能力较强，并能将它聚集在体内，使它有效化。相比而言，以对磷和镁的利用能力最强。据中国科学院土壤研究所试验，土壤中加蛇文石（矿物镁）与不加相比，植株体内镁的含量增加 54%；加磷砂石（矿物磷）与不加相比，植株体内磷的含量增加 200%，尤其是叶子中磷含量增加 2.8 倍；加钾长石（矿物钾）与不加相比，植株体内钾含量增加 15%。不过，肥田萝卜对土壤中难溶性矿物的利用能力，在茶园绿肥作物中并不算是最强的一种。

3. 改土和增产效果

由于肥田萝卜具有许多优越的生物特性，在茶园间作时改土效果是十分明显的。无论作土壤覆盖，或是埋青，都可提高土壤含水率，并能明显增加土壤有效养分。但它没有固氮能力，虽能提高土壤中的有效氮含量，却对土壤中的全氮含量几乎都没有提高。据在浙江上虞龙浦有机茶园试验，2 年生幼龄茶园间作肥田萝卜与不间作相比，通过埋青，5 个月后土壤有机质及有效养分都提高，其中有效氮几乎增加了一倍，但全氮却没有增加（表 7-19），与豆科绿肥相比，无疑这是它一大缺陷。

表 7-19　肥田萝卜埋青后土壤养分的变化＊　（张优等）

处　理	有机质含量（克/千克）	氮(N)含量（克/千克）	土壤有效养分含量（毫克/千克）		
			N	P_2O_5	K_2O
间作肥田萝卜	19.2	0.94	109	32	110
不间作	10.4	0.96	51	16	25

＊5 月底埋青，10 月底茶树地上部生长结束时取土测定

茶园间作肥田萝卜，虽然土壤全氮量没有增加，但对促进幼龄茶树生长效果依然十分明显。如在上虞龙浦有机茶园中试验，当 5 月份埋青后，由于绿肥分解释放出有效养分，明显促进茶树生长，到 10 月底茶树地上部生长结束后，茶树平均高度达 40 厘米，幅度平均达到 35 厘米；而不间作肥田萝卜的茶树高度只有 38 厘米，幅度为 25 厘米。另据福建省农业科学院茶叶研究所试验，幼龄茶园间作肥田萝卜后，通过埋青对以后茶树成园增产效果十分明显，一般可增产 19.0%～55.0%。

4. 栽培关键技术

(1)适时播种　播种期选择是否得当，对肥田萝卜出土、生长及产量影响很大。据福建省农业科学院茶叶研究所引种试验，闽

东地区在寒露播种，天气暖和，前期生长太快，叶质幼嫩，易遭病虫危害，后期又易遭冻害，影响翌年产量。而至大雪播种，因气温低，苗期生长缓慢，苗株幼小并遭冻，产量也不高。一般以立冬前后播种最为适宜。至翌年埋青时，其产量比寒露播种的，每 667 平方米多收肥青 257.7 千克，增产 40.8%；比大雪播种的几乎高一倍。所以，适时播种对促进肥田萝卜生长和提高产量，是十分重要的。一般在长江中下游广大茶区，于 10 月中下旬至 11 月上中旬播种为适宜。各地要因地制宜，不误农时地及时播种。

(2)合理播种

播种方法，播种深度，播种量，盖土厚度，是茶园间作肥田萝卜成败的关键。我国江北的一些茶园，冬季雨量少，气温低，尤其是以梯式或坡式茶园为主的地方，因受风面大，土壤容易失水而干旱。这些茶园应采用深沟浅播浅盖方法播种，以利于保水、防风和防冻。如采用浅沟浅播浅盖方法播种，则容易使肥苗受冻，生长不良。我国长江中下游的一些高山茶园也一样。据福建省农业科学院茶叶研究所试验和实践，在冬季低温干旱并有西北风的闽北山区，采用浅沟条播或浅沟宽幅撒播，结果发芽率低，缺株多，苗期受冻率高，植株生长不良，翌年产量低；而采用深沟条播浅盖，结果出苗率高达 80.3%，肥苗齐整，受冻率少，植株生长良好，翌年产量高。而对于平原地区茶园，或冬天雨水丰富、刮风少、气温不很低的山区坡地或梯地茶园，浅沟浅播也可以达到高出苗率。

播种方式要因地制宜。在棋盘式丛栽茶园，可采用丛间穴播；条列式茶园可采用行间条播；丛行空间小于 40 厘米的，一般不能间作肥田萝卜。

(3)与豆科绿肥作物混播 肥田萝卜为非豆科作物，不能增加土壤全氮含量。为了克服这一缺陷，可采用与豆科绿肥作物混播，尤其是与箭筈豌豆、豌豆等有须蔓的豆科作物混播，肥田萝卜成为箭筈豌豆和豌豆等缠绕性作物的支架，而箭筈豌豆等又可以为肥田萝卜挡风等，相互利用，相互依存，相互保护，可提高间作绿肥作物的产量和绿肥的质量，有利于提高改土效果。

(4)播种前深松土　肥田萝卜根系虽不很深，但主根肥大成萝卜头，萝卜头的生长对地上部枝叶的茂盛有很大作用。主根肥大要求土壤疏松，因此，播种前的行间深松土对肥田萝卜的产量有重要作用。据福建试验，播种前深松土 30 厘米的，肥田萝卜的 667 平方米产量可达 3 300 千克，比不松土的增产 43.48%。所以播种前松土，是茶园间作肥田萝卜的重要措施之一。松土时只限于播种行，不要靠近茶苗进行。

(5)及时施肥　肥田萝卜虽有很强的吸收和利用土壤难溶性矿物质的能力，但对磷肥反应十分敏感。据广东省农业科学院茶叶研究所和江西省刘家站红壤试验站的试验，在播种时以磷肥打底，一般可增产 23%～49%(表 7-20)。

表 7-20　磷肥对茶园间作肥田萝卜产量的影响

处　理	试验单位			
	广东英德		江西刘家站	
	间作肥田萝卜		间作肥田萝卜	
	千克/667 米^2	%	千克/667 米^2	%
不施磷肥	1047.5	100.0	771.5	100.0
施磷肥	2606.3	248.7	950.5	123.0

肥田萝卜在生长过程中由于它对氮的需求完全是依靠土壤中的氮，不能固定空气中的氮来营养自己，因此，适当施氮肥对它的增产效果也十分明显，无论播种前施有机肥或是生长过程中施适量的尿素等，都可获得良好增产效果。据福建省茶叶研究所试验，播种前施有机肥一般可增产 50.0%，苗高 20～35 厘米时追施氮肥，产量会更高。

(6)防治病虫草害　肥田萝卜的主要害虫，有卷心虫、蚜虫、猪叶虫及青虫等,病害主要有白锈斑、枯叶病、霜霉病及炭疽病等。在生产中,如不十分严重,不一定用药防治;只有危害严重,明显危及产量时,才可以对症用药,但用药时要注意茶苗安全。另外,如苗期有严重杂草发生,则要适时除草。长大以后一般杂草自然减少,无须除草。

5. 利用方法

肥田萝卜无论作埋青或土壤覆盖,对改良土壤和改善土壤墒情,都有良好的效果(表 7-21,表 7-22)。

表 7-21　肥田萝卜不同利用方式对土壤有效养分含量的影响 *

处　理		利用方式(5 月 21 日埋盖,8 月 4 日测定)			
		深　埋(30 厘米)	浅埋(15 厘米)	土表覆盖	对　照(无绿肥)
0～45 厘米土层土壤有效养分(毫克/千克)	氮	98	87	75	57
	磷	30	29	26	15
	钾	98	99	75	74

* 摘自《有机茶园绿肥品种筛选和推广应用试验工作报告》(2002 年 10 月)

表 7-22　肥田萝卜不同利用方式对茶园土壤含水率的影响 *

项　目	土壤深度(厘米)	利用方式(5 月 21 日埋盖,8 月 4 日测定)			
		深　埋(30 厘米)	浅　埋(15 厘米)	土表覆盖	对　照(无绿肥)
土壤含水率(%)	0～10	16.5	16.1	21.6	14.5
	10～20	20.1	23.5	21.9	15.1
	20～30	25.0	24.1	24.5	19.5
	平 均	20.5	21.3	22.7	16.4

* 摘自《有机茶园绿肥品种筛选和推广应用试验工作报告》(2002 年 10 月)

在长江中下游广大茶区,作埋青用的肥田萝卜,在 3 月中下旬可初花,3 月下旬至 4 月上旬可到盛花期,盛花期株体生长旺盛,产量高，茎叶嫩熟，品质良好，是最好的刈割时期。但为了使茶树能在春茶期吸收肥料，并减少茶肥之间的矛盾，可适当提早到初花至盛花期之间进行刈割埋青。如作保土、防冲的土壤覆盖物用，刈割时间可适当推后，使它纤维化程度更高一点，能在土壤表层保持更长久，保持到夏天或伏天而不腐烂或少腐烂，以达到更久更好地保土和保水的目的。推迟刈割时，为了减少其生长与茶树之间的矛盾，可先疏株或疏枝后再刈割。

除了作肥料外，肥田萝卜也是很好的饲料（表 7-23），也可作菜肴等。如作饲料用，则应在结荚前收割，因为结荚后茎叶和萝卜都会木质化，营养价值会下降。

表 7-23　肥田萝卜初荚期的饲料价值

（江西省农业科学院畜牧研究所）

项　目	水分	粗蛋白	粗脂肪	粗纤维	无氮浸出物	灰分	钙	磷
鲜草含量（%）	89.54	2.66	0.09	1.53	4.32	1.86	0.20	0.22

（三）紫云英

1. 植物学特征

紫云英又名红花草子，为豆科黄芪属越年生草本植物。主根较肥大，长达 50～100 厘米，有发达的侧根。侧根上长有大小不等的根瘤，主根和地表细根也有根瘤，但数量较少。茎呈圆柱形，中空，质柔，多汁液。株高一般可达 80～120 厘米，直立，后期易倒伏呈半匍匐状，并呈弯曲形生长。叶为羽状复叶，质地柔软，在土壤中易腐烂分解。花呈伞形花序，一般腋生，也有顶生，呈浅紫红色，一序坐花 8～14 朵不等。荚果两列，连合成三角形，稍弯，无毛，长 1～3 厘米，每荚着子 4～10 粒（图 7-9）。种子呈肾状，千粒重为 3～3.5 克。种子种皮光滑，外有腊质，硬实率高，刚收获晒干的种子硬实率高达 80～90%，随着储存时间延长硬实率会逐步下降，一般可降至10%～15%。

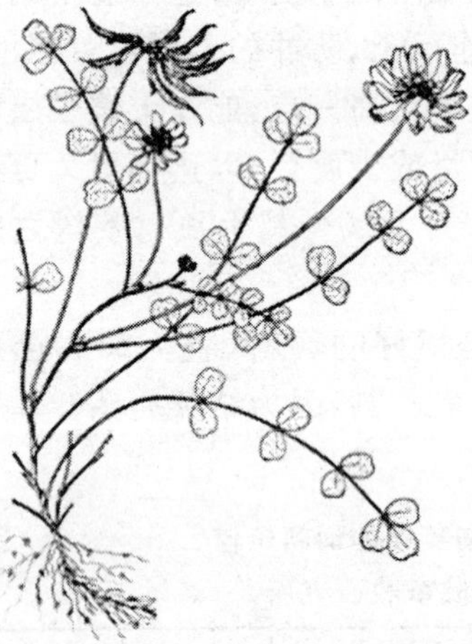

图7-9 紫云英

2. 环境条件要求及生物学特性

(1)环境条件要求 紫云英是比较喜温和的越冬作物。日平均温度在3℃以下就不会再生长，地上部到8℃以上才能较快生长。在山区，当气温下降到－5℃时，就会开始出现冻害。紫云英喜欢湿润，但又怕积水。土壤含水率为25%～30%时最适它的生长。当含水率超过35%，就会出现黄苗和生长不良的迹象，超过35%就会出现烂根，积水会使它死亡。当含水率低于9%～10%时，就会出现萎凋或旱死。2001年，在浙江上虞龙浦有机茶园中试种，当地10月10日至12月24日约两个月中，只有5天是雨天，合计雨量只有40毫米，在0～20厘米土层内的土壤含水率只有12%～15%，紫云英的成活率只有5%～7%。紫云英引种在茶园中时，土壤水分的主要问题是干旱，而不是渍水。这是茶园间作紫云英成败的关键问题之一。

紫云英对土壤条件要求较高，一般要求土层较厚、质地疏松、有机质含量丰富、保水保肥能力较好的土壤。此外，要求土壤中含有较丰富的磷、钾和镁等元素，而对土壤酸度及质地要求不严。土壤生物活性强，土壤生物多，根瘤菌适生条件好，对紫云英生长最为有利。但在新垦红壤茶园中缺乏这一有利条件，所以，它在这种茶园中一般都生长不良，多数成高脚苗，如果再加上旱、冻、风等不良气象条件，则更是雪上加霜，有时会一苗不长。如 2001 年冬季，在浙江上虞和余姚高山新垦 2 年生有机茶园中引种试种，因受旱、冻、瘦三种因子的同时打击，上虞有机茶园中紫云英的肥青产量只有 366.6 千克/667 平方米，而余姚的却棵苗无长。这就是一个鲜明的例子。

一般地说，紫云英在肥力水平高，水分条件良好的茶园里才能良好生长，尤其是潮土型茶园土，稻田改为茶园的平地茶园，及菜园改成的茶园，紫云英生长最为良好。另外，在一些改种换植的平地茶园，以及一些原为茶粮间作茶园中，紫云英也能良好生长。但这并不是说一般山区山地茶园就不能种紫云英了。

有人认为，紫云英是水田绿肥作物，不适宜在茶园中间作。这种看法是不正确的。只要正确掌握紫云英生长对外界条件的要求，一般山区的山地茶园种好紫云英的实例很多。如绍兴越联是高山区，主要生产茶叶，水田很少。20 世纪 60 年代就开始在茶园中引种紫云英，一般肥青产量每 667 平方米都达到 1 500 千克，最高的达到 3 000 千克。湖南省汨罗江茶场，安化浮青乡等茶园，间作紫云英一般每 667 平方米肥青也都达到 3 000～3 500 千克。杭州金家岭是个半山区，原有不少间作茶园，后改为专业茶园，退出其他间作物而种紫云英，肥青一般都达到 1 000～1 500 千克/667 平方米。

总而言之，紫云英对土、肥、水、热条件的要求，比其他冬季绿肥作物要严格。但是，只要正确了解其生物学特性，采取科学合理的种植方法，就完全可以获得高产优质的间作效果。

(2)生长特点　紫云英生长期一般为 180～225 天，品种不同各有差异。播种出苗后，地下部比地上部长得快。播种后 40～50 天，才有 5～6 片真叶；而这时根系已有 20～30 厘米长，并开始有 2～4 级分枝，蹲苗时间长，入冬时地下部生长量超过地上部。开春后地上部开始加速生长，但地下部分生长缓慢，到现蕾时地上部突然加快，在约半个月内其生长量几乎增加1.3～1.5倍，到花期地上部的重量要远远超过地下部。到花荚期，地上部和地下部的重量比约为5∶1。在浙江等地，在2月下旬至3月中旬后，地上部开始进入生长高峰，结荚时生长缓慢。它有不断开花、不断结荚的习性，全株终花时生长停止，转为衰老。

(3)结瘤特点及植株养分含量 紫云英在接种的条件下，土壤适宜，播种后10天左右可见第一片真叶。这时，在根系上就能见到白色的根瘤，根瘤转为粉红色时才有固氮能力。紫云英根瘤菌专一性很强，不是所有土壤都有存在，没有种过紫云英的土壤不一定有菌种，尤其酸性的茶园土更少，新垦的生荒地不一定存有菌种。因此，在茶园中种植紫云英必须接种才能结瘤，否则不一定结瘤。地上部伸展前期，根瘤主要在主根上；伸展后到现蕾时，侧根上的根瘤数量要大大超过主根上的根瘤数量。其固氮能力在蹲苗期很微弱，开春返青后开始急速上升，到盛花期达到高峰，结荚期又开始下降。磷、钾、钼、硼、镁等元素，可促进结瘤和固氮，干旱和渍水会明显影响其结瘤和固氮的能力。

紫云英的质量与土壤条件有关。在接种菌的情况下，一般茶园盛花期，紫云英的含氮量可达30克/千克以上，磷为4～15克/千克，钾为25～30克/千克，镁为4～9克/千克，是养分含量很高的一种绿肥作物，而且茎叶埋青后分解速度快。

据对紫云英矿化的盆栽模拟试验，在气温为15℃～25℃、土壤含水率为25%时，埋青后15天约有70%的干物质被分解，比肥田萝卜、豌豆、蚕豆、黑麦草、白三叶、红三叶、鸭毛草和苜蓿等茶园冬季绿肥作物，分解都要快，分解的有机物质很快被转化成有效性物质。据张月楼在浙江平阳桥墩茶场试验，紫云英埋青后土壤有效氮(NO_3-N)比不间作的可增加3.6倍，有效钾可增加18%以上。但它有机质分解快，含氮高，容易引起土壤有机质分解的“激发效应”，对提高土壤有机质的持效性不强，间作一年，对改善土壤有机质无明显的长期效果。

3. 对茶叶增产的效果

茶园间作紫云英,对茶树生长与茶叶产量的影响是很明显的。据湖南省安化县多种经营办公室的调查资料,安化县浮青秋播紫云英,次年春季埋青,不仅对当季春茶有增产效果,而且对夏茶的夏梢生长也有很好的促进作用(表 7-24)。

表 7-24 紫云英对茶叶产量和茶树生长的影响 (安化多办)

处理	埋青时间	春茶产量			7月12日夏茶生长(厘米)			
		采期	千克/667 米^2	%	芽梢平均长	叶子平均长	叶子平均宽	芽尖平均长
间作紫云英	4月中旬	5月17日	260.5	113.5	12.5	5.1	2.1	2.3
不间作	—	5月17日	229.5	100.0	7.4	4.4	1.9	驻芽

另据张月楼在浙江平阳梯田大叶种茶树埋施紫云英的试验,效果也十分明显,茶苗植株生长的生物学产量比对照增加 75%左右(表 7-25)。

表 7-25 紫云英对云南大叶种茶苗生长的影响 (张月楼)

试验处理	春茶		夏茶		秋茶		全年	
	克/株	%	克/株	%	克/株	%	克/株	%
紫云英	93.0	153.7	83.0	134.9	132.5	243.1	308.5	174.8
对照	60.5	100.0	61.5	100.0	54.5	100.0	176.5	100.0

由于紫云英养分含量高,分解迅速,肥效快,增产效果很明显,所以茶农们说:"茶地种红花草,茶树发得早,茶叶产量高,耐冲泡,卖价也增高。"这就生动地反映了茶园种植紫云英的效果。因此,

它被广大茶农称之为茶园冬季绿肥作物中的“五朵金花”之一。

4. 栽培关键措施

(1)选　地　紫云英对土壤条件要求较高，不是所有茶园都适宜种植紫云英。根据紫云英的生物学特性和对外界条件的要求，将茶园分为三种类型：一是适种茶园，主要是潮土类茶园、稻田和菜园土茶园，已改造的茶园及过去是茶粮、间作后退出粮食作物的平地丛栽茶园等；二是非适种茶园，主要是原荒山和杂林新垦的山地茶园，新垦的低丘红壤及山区岗地茶园等；第三类是半适种茶园，主要是一些原为梯田和坡地茶粮间作旱地，及山前土层较厚的坡地茶园等。在间作紫云英时，应尽量选择适种类茶园进行种植，可以花较少劳力和成本，而获得较高的效果和收益。

(2)种子处理　紫云英种子皮厚，硬实率高，发芽率低，播种前种子要经过碾、擦、浸处理。一般做法是，先将种子放在打米机中快速轻打一次，然后加入一些沙子或谷糠等，在石舂中舂 10～15 分钟。将舂后的种子放在比重为 1.05 的盐水中消毒 10～15 分钟，去掉菌核病病原体，取出种子放在含有 0.1%～0.2% 钼酸铵和硼酸的温水(约 25℃)中浸种 24 小时，然后取出种子待播。

(3)根瘤剂拌种　茶园中能侵染紫云英的根瘤菌很少，因此，紫云英在茶园中种植都要经根瘤菌拌种，才能取得较好的种植效果。能对紫云英侵染的根瘤菌专一性很强，要采用专门生产的菌剂。如找不到菌剂，可找一些紫云英生长较好的稻田土与种子拌种。

(4)选好播种时间　播种时间对紫云英的出苗、苗期生长及以后产量的形成，都有很大的影响。在长江中下游广大茶区，从 9 月下旬至 10 月下旬都可以播种，但在适宜的播种期内，适当早播有利于产量的形成。据浙江省绍兴平水农技站茶园间作紫云英的试验结果，在当地气候条件下，在秋分至寒露之间播种，667 平方米产肥青达 2 750～3 000 千克；寒露播种，每 667 平方米产量则降为 2 250～2 500 千克；而推迟到寒露至霜降之间播种，每 667 平方米产量仅2 250千克及以下。我国茶区广大，各地可根据当地具体条件和农事活动情况，因地制宜地选择恰当时间，力争早播。如湖南省安化和岳阳地区的茶园，是播好草子（紫云英种子）过国庆。但也不能过早播种，过早播种紫云英苗易受冻，一般都在茶树地上部生长结束、施完基肥后及时早播紫云英较为恰当。

(5)磷肥和有机肥打底　在播种前，播种沟内要施过磷酸钙或钙镁肥打底。磷肥不能与种子接触，要施在播种沟下15～20厘米处。如果是半适种茶园，则要用有机肥和磷肥打底。有机肥与磷肥要拌匀，施在播种沟下作底肥。据中国农业科学院茶叶研究所早期在浙江嵊州老茶园间作紫云英施磷肥的大面积示范试验，施磷肥的茶园，紫云英肥青667平方米产量平均达799.3千克；而不施磷肥的茶园，紫云英肥青667平方米产量只有710.5千克，施磷肥的比不施的增产12.5%。据其他地方试验，在茶园中施磷肥对紫云英的增产效果都十分明显。

(6)抗寒保苗提苗　紫云英也有蹲苗现象。出苗长出2～3片真叶时，要适当施肥提苗，防止蹲苗时间过长影响以后的生长和导致杂草危害。可施稀薄的发酵过的人粪尿或沼液、沤肥水等进行提苗。对于半适种茶园，要用复合肥促苗，用量为每667平方米施15～20千克低浓度的三元复合肥。入冬后根际施草木灰或焦泥灰保苗抗寒。

(7)防治病虫害　在紫云英小苗时，要及时除草，防止草荒。长大后要及时防治病虫害。紫云英的病虫害较多，主要有菌核病、白粉病、轮斑病、线虫病和锈病等。虫害主要有蚜虫、蓟马、潜秆蝇、地老虎、象甲和叶蜂等。如发现有病虫害，要及时选用相应的药剂进行防治。在防治时，要检查茶树上有否共害性病虫害和其他病虫害，可结合茶树病虫害一起进行防治。

5. 利用方法

紫云英营养价值很高，除了可作肥料外，还可作饲料和菜用。

作肥料时主要是进行埋青。它叶质鲜嫩,分解快,埋青肥效好,也省工。作土壤覆盖物用时,因纤维素含量不高,分解快,失水后很快收缩,干物质不多,并很快分解,残留物也不多,又易脱氮,效果一般不如直接埋青。埋青时,要掌握好物候,一般在紫云英生长到二盘花谢、三盘花开时埋青,产量高,肥青质量也好。在长江中下游广大茶区,一般在 4 月中旬左右进行埋青。如作饲料用,也要在花荚期刈割。紫云英的嫩头可作菜肴,营养价值很高。在紫云英的花期可放蜂,紫云英的花蜜是优质蜜源。茶园种植紫云英是一项促进茶叶生产可持续发展的一举多得的高效农业措施,应大力提倡。

(四)苕　子

1. 植物学特征

苕子为豆科巢菜属,属越年生草本植物。其品种很多,在茶园中种植的主要有蓝花苕子、光叶苕子和毛叶苕子。羽状复叶,先端有卷须。主根明显,侧根多。其中光叶苕子主根深,可达 1～1.5 米。蓝花苕子主根浅,只有 30～40 厘米,根部有较多的根瘤。茎长 1.5～2.0 米,方形中空。光叶苕子茎蔓长,呈匍匐 生长;蓝花苕子茎蔓较短,呈半匍匐生长,卷须能攀绕茶树,具有爬高性,自然高度为 40～60 厘米。总状花序,由叶腋间长出,每个花序长 10～30 朵花。光叶苕子花冠蓝紫色带红,蓝花苕子花冠为蓝色带紫。荚果短矩形,两侧扁平(图 7-10),长 2～4 厘米,每荚 3～5 粒种子,种子千粒重 25～30 克不等。荚果成熟后较易爆裂,弹出种子,收种子时要小心,动作要轻。种子硬实率达 5%～20%。

2. 环境条件要求及生物学特性

(1)环境条件要求　苕子耐寒抗冻性较强,对风冻、干冻和霜冻都有较强的耐受能力,更适合江北茶区和高海拔茶园种植。但品种不同,其抗性差异较大。抗性大小情况是:毛叶苕子＞光叶苕子＞蓝花苕子。如毛叶苕子可在－20℃时不受冻，光叶苕子在－15℃的条件下就会出现严重冻害，而蓝花苕子在－10℃下就会出现严重冻害。春天气温回升到2℃～3℃时，即可返青生长，15℃时可以现蕾。所以，在我国安徽大别山区及陕、甘地区茶园引种，都能取得良好的种植效果。

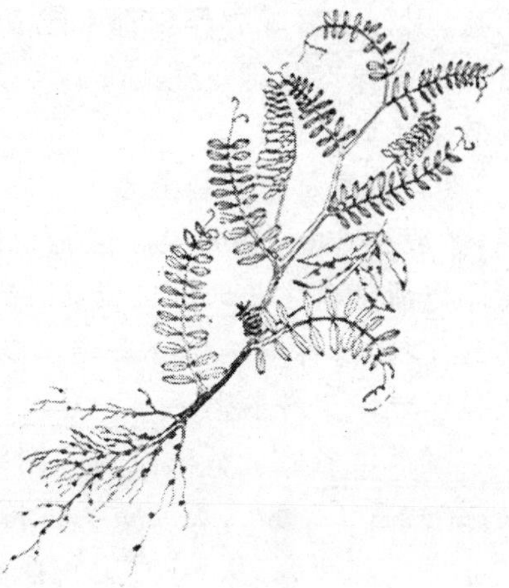

图 7-10　苕　子

苕子耐旱不耐涝。土壤水分在田间最大持水量的60%～70%时，苕子生长最为适合；达到80%～90%时，就会有受害的表现。而茶树生长最适土壤含水量是田间最大持水量的70%～90%，所以在茶园种植苕子仍要防止苕子的湿害。光叶苕子在壤质土中，重量含水率低于10%时，会表现受旱和种子出苗困难，当重量含水率达到20%时，出苗率高，生长迅速；达到30%时，才会有湿害的表现；达到40%时就会出现烂根。在黏质壤土中重量含水率达到11%～12%，砂土中重量含水率达6.4%～7.5%时，就会出现萎凋。所以，苕子的抗旱能力是很强的，在岗地、山坡地上能良好生长。

苕子对土壤要求不严格，在砂性土壤和黏性土壤上都能生长。苕子适种土壤的pH值很宽，为4.5～9.0。它耐瘠性强，在一般新垦贫瘠的幼龄茶园中，都能较好地生长，在低肥力的茶园中也能生长，并能获得较好的产量。如河南新县茶树良种繁育试验场，地处大别山区，属新垦幼龄茶园，土壤肥力低下，土壤有效磷只有0.5毫克/千克，氨态氮只有10毫克/千克，有效钾只有30毫克/

千克，引种许多绿肥作物都未能成功。而引种苕子后，当年 667 平方米的鲜草产量即可达到 1 270 千克，第二年达到 2 250 千克，种植效果十分良好。

(2)结瘤特点和固氮能力 苕子的生长期长短，因品种不同而异，一般为 230～260 天。但是出苗后 15 天左右，就可以开始结瘤。以后随着生长时间的延长，结瘤逐步增多，到现蕾期根部结瘤达到高峰，每株可达 100 多颗。以后又下降，到种子收获期，根瘤数量明显减少并脱落。

据浙江省农业科学院对不同绿肥作物根瘤固氮能力的测定，结果为：苕子＞紫云英＞黄花苜蓿＞三叶草（表 7-26）。据陕西省农业科学院研究，从 10 月上旬播种到翌年 5 月初收获，由根瘤所固氮的数量约占全株总氮的 60％左右，所以苕子埋青对土壤氮的贡献率是很高的。

表 7-26 不同绿肥品种的固氮强度 （浙江省农业科学院）

绿肥品种	初棵套种固氮强度（纳克分子/分钟·株）	耕翻迟播固氮强度（纳克分子/分钟·株）
徐苕三号（苕子）	544.00	376.5
浙紫五号（紫云英）	29.57	117.4
温岭金花菜（黄花苜蓿）	8.83	57.5
绛三叶（三叶草）	7.05	14.4

(3)植株的养分含量和质量 苕子肥青的干物质含量，一般可达 15％～19％。在花荚期肥青的含氮量约为 5～7 克/千克，含磷（P_2O_5）量为 1～1.6 克/千克，含钾（K_2O）量为 2～4 克/千克。其中在现蕾期的含量最高，品种不同，含量也不同。在相同的条件下，一般氮的含量情况是：毛叶苕＞光叶苕≥蓝花苕；钾的含量情况是：光叶苕＞毛叶苕≥蓝花苕；磷的含量情况是：光叶苕＞蓝花

苕≥毛叶苕。苕子肥青作饲料用,养分也很好,高于非豆科作物的青饲料(表7-27)。

表7-27　苕子肥青的饲料价值　(南京农业大学)

饲料名称	干物质率(%)	粗蛋白(%)	粗脂肪(%)	粗纤维(%)	无氮浸出物(%)	粗灰分(%)
对　照(甘薯藤)	12.5	2.0	0.5	2.5	6.5	1.5
毛叶苕(花期)	18.2	38	0.5	5.5	8.5	2.1

3. 改土增产效果　由于苕子耐瘠耐旱,根瘤多,固氮能力强,所以幼龄茶园间作苕子后改土效果较好。据河南省新县外贸局茶树良种繁育场试验,2.5公顷(38亩)幼龄茶园连续间作两年光叶苕子后,土壤有效磷和钾含量增加一倍,有机质和氨态氮、硝态氮含量,也都有明显提高(表7-28)。因此,茶树的生长明显改善。茶树高度幅度提高9.5%～16.7%,对夹叶减少,一芽二叶单芽重提高13%,打头采产量增加34.3%。茶园间作苕子取得良好增产提质效果(表7-29)。

表7-28　茶园间作苕子后土壤酸碱度及速效养分变化情况　(河南新县外贸局)

处　理	土壤深度(厘米)	有机质(%)	酸碱度(pH)	硝态氮(毫克/千克)	氨态氮(毫克/千克)	速效性磷(毫克/千克)	速效性钾(毫克/千克)
连种两年苕子	0～20	1.5	5	1.5	13	1	60
未间种苕子	0～20	1.1	7	0.5	10	0.5	30

表 7-29　茶园间作苕子后对树势、产量和芽叶生长的影响　（河南新县外贸局）

处　理	树幅（厘米）	树高（厘米）	青叶产量		一芽二叶			夹叶比例（%）
			千克/667 米^2	%	长度（厘米）	芽重（克）	一千克芽数（个）	
连种两年苕子	70	69	55.6	134.3	5～7	0.61	1650	9.9
未间种苕子	60	63	41.4	100.0	3～5	0.54	1802	19.8

4. 栽培关键技术

(1)选好适宜品种　苕子品种很多，特性各有不同。各地茶园间作苕子，首先要选好适合当地种植的品种。在江北茶区，尤其是高山高寒地区，低温、冬春干旱者，应选用抗寒抗旱性强的毛叶苕；平原地区可选用光叶苕；南方茶区气候温和，茶叶早发，生长季节紧，可选用蓝花苕、油苕或早熟苕子等。

(2)对种子作必要的处理　苕子的种子也有硬实性，其中光叶苕种子的硬实度较高。为了促进种子萌发，播种前也要经过擦、浸等处理。土壤墒情好的，可以采用温水浸种；土壤墒情不好的，擦种后直接播种，冬旱较严重的，采用秋冬前寄种播种，利用自然变温提高种子吸收性能。

(3)确定适宜播种期　苕子生长期长，要想让苕子高产就必须适当早播种，增长它的生长时间。早播种有利于齐苗和全苗，也有利于与茶园农事对接。在江北茶区一般 9 月下旬为适播期，长江中下游广大茶区在 10 月上旬播种更为有利。据河南省新县试验，在大别山区高山茶园，10 月上旬播种比 10 月下旬播种约增产 27%（表 7-30）。

表 7-30　苕子播种期与生长的关系　（河南新县外贸局）

播　期	苗齐地块数	初花期	盛花期	刈压期	667 米^2 收鲜茎叶量	种子成熟期
10 月下旬	8	5 月 5 日	5 月 10 日	5 月中旬	1770 千克	6 月 15 日
10 月上旬	9	4 月 18 日	5 月 3 日	5 月上旬	2250 千克	6 月 7 日

(4)根瘤菌拌种后播种　苕子与其他所有豆科绿肥作物一样，根瘤菌接种可明显提高产量和肥青质量。对苕子有侵染作用的根瘤菌属豌豆族根瘤菌，与箭筈豌豆和蚕豆等是同属一族的菌种。可用豌豆根瘤菌剂拌种，也可用种过这些作物并生长较好的土壤拌种。播种时进行穴播，穴深 3～5 厘米，每穴 3～4 粒种子，穴距 10～15 厘米，播后盖土。

(5)施磷肥，以磷增氮　苕子虽然很耐瘠，但对磷肥反应十分敏感。茶园土壤酸性强，有效磷含量低，每 667 平方米施过磷酸钙 15～20 千克，一般都可增产 20%～40%。据苏、皖地区试验，在稻田中施磷，每千克磷肥可增产 40～150 千克肥青。茶园土壤有效磷比稻田低得多，施磷肥后的效果远比稻田要好。

(6)清园理蔓　苕子是匍匐型或半匍匐型植物，并有卷须，有时会使茎蔓相互缠绕，相互挤压，形成一大团，对苕子以后的产量有很大的不利影响。要及时对相互缠绕在一起的茎蔓加以梳理，使其舒畅生长。有些爬到茶树上的茎蔓，要把它们取下或梳理顺当，然后放到空旷的地方，使它们向有阳光的地方继续生长，防止茎蔓缠绕茶树而影响茶树生长。如果采用苕子与肥田萝卜或黑麦草混播、间播等，肥田萝卜和黑麦草会成为苕子缠绕爬高的支撑物，既可防止苕子爬绕茶树，又可取得豆科与非豆科作物互相取长补短的良好效果。

(7)防治病虫害　苕子的病虫害比较多。病害主要有叶斑病和轮斑病等，多在 4～5 月份发生。褐斑病在初荚期发生，病毒病全年都会发生。虫害主要有蚜虫、潜蝇、蓟马、斜纹夜蛾、叶螨、苕蛆、豆荚螟和棉铃虫等。发现苕子病虫害时,要注意茶树的病虫害,最好结合一起及时防治。

5. 利用方法

茶园中的苕子,一般作埋青的多。在盛花期埋青,产量高,质量也好。在江北茶区一般 5 月上中旬可埋青。江南茶区一般在 4 月下旬前后可埋青。在埋青时,可结合当地幼龄茶园的农事活动,因地制宜地进行。作土壤覆盖物铺放行间也可以,但它与紫云英一样,干草率低,易烂易分解,一般效果不如埋青的好。如当地春旱严重或土壤冲刷严重,也可作土壤覆盖用。

苕子也是很好的饲料。盛花期收割产量高,质量也好。苕子留种地也可放养蜜蜂,收取蜂蜜。总之苕子也是茶园冬绿肥作物中最重要的一种绿肥作物之一。茶农称它为“五朵金花”中的一朵,深受广大茶农所欢迎。

(五)黄花苜蓿

1. 植物学特征

黄花苜蓿,又名金花菜、黄花草子、磨盘草子等,属豆科苜蓿属,为越年生草本植物。叶为三出复叶,叶片呈倒卵形,品字形生长,叶长 2～4 厘米。茎平卧或丛生向上,长 30～100 厘米,长高后倒伏,形成半直立型,茎粗 0.25～0.30 厘米,早期内为海绵组织,后期中空。根为直根系,根系发达,根长 50～70 厘米,根幅 30～50 厘米(图 7-11)。

图 7-11　黄花苜蓿

花为总状花序，每序 3～6 朵花，花冠黄色，有无限开花习性。荚果呈螺旋形卷曲，形成 2～3 圈，扁平状，直径为 0.5～0.7 厘米。荚果边缘有刺毛，毛端有钩。每荚有种子3～7 粒。种子紧粘缩在卷曲的荚果内不易脱出。种子呈肾状，千粒重2.4～2.5 克，硬实率因栽培及品种不同而异，一般为 8%～30%，其中温岭种较低，南京种较高。

2. 环境条件要求及生物学特性

(1)环境条件要求　黄花苜蓿喜温不耐冻，在－5℃时地上部就会出现冻害，在－10℃时会冻死。种子最适发芽温度为 20℃左右，开花时平均气温为 13℃～18℃。在长江中下游广大茶区，一般在 5℃～12℃气温下经过 15 天，可以通过春化阶段。品种不同，耐冻性也不一样。由于它原产于地中海和印度，引进我国后逐步北移，目前一般在北纬 33°以南种植，在 27°～33°地区较多，再北移冻害就会很严重，产量也低。

黄花苜蓿原在旱地种植，后逐步引种入水田，所以抗旱性较强。它与苕子相接近，一般在土壤含水量为田间最大持量的 60%～90%的范围内，都能生长，其中在 70%～80%田间持水量时生长最好。在长江中下游广大茶区，只要非特殊干旱的年份和季节，茶园的土壤含水率完全能满足黄花苜蓿生长的需要。

黄花苜蓿对土壤有一定的要求，一般在比较肥沃的土壤上才能生长。根据在新垦有机茶园比较试验的结果，它的耐瘠性比紫云英要强，但比苕子要差。在由荒山、林地等开垦成的初垦茶园中种植，它的生长和产量并不十分理想，而在改种换植茶园及改造台刈茶园中生长比较好。黄花苜蓿同其他豆科绿肥作物一样，对磷、钾元素要求较高，一般土壤有效磷要达到10～30 毫克/千克，有效钾达到 80 毫克/千克，才能获得较好的肥青产量和质量，但对氮的要求并不十分严格，因为它能自行固氮。

(2)结瘤固氮特点　黄花苜蓿结瘤早。接菌播种的植株，在地上部长出一片真叶后根部就能见瘤，主根和侧根都能结瘤。植株结瘤数与土壤性质关系极大，有机质多的土壤，每株结瘤可达50～100颗，而有机质少的土壤只有几颗到十几颗不等。其固氮能力和积累氮量，随生长期而变化。据江苏省扬州地区农科所的研究，黄花苜蓿苗期生长缓慢，积氮强度低，在10月上旬至次年3月中下旬的100多天，单株积累总氮约只占全年总积累氮的28.23%；3月中下旬到4月上旬的10多天，单株积氮总量约占全年积氮总量的24.58%；而4月上旬至4月下旬的10多天是生长高峰期，也是积氮的高峰期，单株积氮量约占全年积累总氮量的42.47%；以后又开始下降，在4月下旬到5月上旬的10多天，单株所积累的氮素约只占全年总积累氮的4.70%。5月初，地上部含氮量虽明显下降，但地下部仍在积累氮素。所以，用好黄花苜蓿根茬十分重要(表7-31)。

表7-31　不同时期黄花苜蓿地上部与根的干草量和氮素含量

（江苏省扬州地区农科所）

日/月	15/4			25/4			5/5			15/5		
部　位	地上部	根	全　株	地上部	根	全　株	地上部	根	全　株	地上部	根	全　株
干草量（千克/667米^2）	333.15	54.9	388.05	436.3	79.95	516.25	516.25	95.55	629.8	521.8	156.2	678.01
含氮量（千克/667米^2）	13.78	1.18	14.96	15.79	1.94	17.73	16.46	2.46	18.92	14.04	3.42	17.46

3. 改土和增产效果

黄花苜蓿作为豆科作物，含氮量高，茶园间作后无论是埋青或是覆盖用，改土和增产效果都十分明显。据早年平阳林特局茶园冬季绿肥作物肥效比较试验，它的改土和增产效果仅次于紫云英。在山地梯田云南大叶种茶园中埋青施用，每667平方米18厘米深处土壤的硝态氮含量，对照为3.75千克，而埋施黄花苜蓿的为12.25千克，增加2.3培，磷和钾的含量也有增加，比没有埋青的分别增加33.3%和9.0%。埋青后经过一年的时间，茶树生长及茶叶生物产量都有提高(表7-32，表7-33)。

表7-32 黄花苜蓿对茶树生长的影响 (张月楼)

处 理	茶树平均高(厘米)	茶树平均冠幅(厘米)	新梢平均长(厘米)	新梢平均重(克)
对 照	88	97	5.0	8.2
埋施黄花苜蓿	89	120	5.6	11.5

表7-33 黄花苜蓿对茶树生物产量的影响 (张月楼)

处 理	春茶		夏秋茶		全年	
	克/株	%	克/株	%	克/株	%
对照(空白)	60.5	100.0	116.0	100.0	176.5	100.0
埋施黄花苜蓿	65.0	107.4	165.5	142.6	230.5	130.1

4. 栽培关键技术

黄花苜蓿的栽培方法与所有豆科绿肥作物的栽培方法差不多，即要选择好适种的茶园，对种子作适当的处理，选好适播时间，选择可侵染的菌种拌种，施磷肥作底肥，合理密植，加强苗期管理和防治杂草，及时防治病虫危害等。

值得注意的是，黄花苜蓿种子与卷曲型的荚果粘连在一起不易脱出，一般都带壳存放、运输和出售，播种时荚壳处理比较重要。也有带荚壳播种的，但带荚壳播种效果差。因荚果壳中夹杂着许多病原体和虫卵，出苗后病虫害多，出苗率低，一般不提倡。

黄花苜蓿荚果要用专用的脱壳机脱壳。脱壳前先进行暴晒，并拣去杂物后再进机脱壳，脱壳后过筛，并扬净壳灰，取净种播种。

如果没有脱壳机则可用下列方法进行处理后再播种：

播种前先晒种，将带壳的荚果平铺在竹席子上暴晒，中午后用竹簾子盖好，夜间打开，连续经过 2～4 天处理，以提高种子活力。将晒过的荚果按 1.5∶1 的荚水比在石臼中舂捣 100 多次，使荚果变软，种子擦皮后充分吸水，再拌上菌种、泥浆、草木灰和磷肥，然后播种。据浙江省临海试验，黄花苜蓿在红壤幼龄茶园中，对磷素反应十分敏感。在相同的条件下，不施磷肥的 667 平方米肥青产量只有 750 千克，而施磷肥后，肥青产量提高到每 667 平方米 1 500千克，增产 1 倍。可见用磷肥拌种和磷肥作底肥，对黄花苜蓿是十分重要的。播种时间，长江中下游广大茶区以选择在 10 月上中旬为宜，偏北地区早播，偏南则迟播，高山早播，平原迟播。

在田间管理中，治虫防病和苗期除草，也必须因地制宜地进行。在一般情况下，采用种子播种的病虫较轻，采用荚果播种的病虫较重。其病虫害一般有炭疽病，蚜虫、螨类和椿象等。病虫如不十分严重，可以不治；如严重影响产量，则应及时采用相应方法加以防治。

5. 利用方法

黄花苜蓿鲜草的折干率，比紫云英和苕子都要高，作埋青用肥效也比较缓慢。如作土壤覆盖物，它比紫云英耐分解，效果比紫云英要好。作堆沤肥用时，其分解也比紫云英和苕子要缓慢。据试验，沤腐 30 天后其有机质约分解 63.54%，而同等条件下紫云英和苕子却分别分解了 77.14%和 64.44%。因此，在沤堆过程中氮的损失也会减少。

黄花苜蓿有一定的再生能力，可以进行刈割。据浙江省农业科学院在桑园中进行间作试验，9 月下旬至 10 月上旬播种后到翌年 1～4 月份，先后刈割 3 次，每 667 平方米桑园共收肥青 3 233 千克。茶园中没有进行刈割试验和实践应用的报道，但各地可以作些试验，成功后因地制宜推广。

黄花苜蓿开黄花，十分美丽，可以绿化和美化茶园周边环境，或作护坡作物。在一些荒野和庭园，也可将它作为绿化植物进行种植。它的嫩头是很好的一种民间菜肴，鲜叶营养价值高，所以被称作“金花菜”。

黄花苜蓿是一种很高级的饲料（表 7-34），过去浙江、江苏和四川等地，都有专门种黄花苜蓿喂猪的习惯。20 世纪 70 年代，四川眉山县饲料面积的 70%是种植黄花苜蓿。此外，黄花苜蓿地还可以放蜂，其蜜质不比紫云英的差。所以，黄花苜蓿也是一种一物多用的作物，被山区广大茶农称之为茶园冬季绿肥作物“五朵金花”中的一朵，因而深受喜爱和欢迎。

表 7-34　黄花苜蓿的饲料价值＊

收获期	水分（%）	粗蛋白（%）	粗脂肪（%）	粗纤维（%）	无氮浸出物（%）	灰分（%）	备注
初花期	8.21	25.16	4.39	16.96	35.11	10.17	干草

＊引自《中国肥料概论》

（六）黑麦草

1. 植物学特征

黑麦草为越年生禾本科植物，在我国长江中下游和中原地区都有广泛种植。叶细长，长 10～30 厘米，宽 2～3 毫米。根深约 100 厘米，根幅为 50 厘米左右。分蘖力强，在栽培条件下有效分蘖数高达 60%～90%。返青拔节后，株高达 70～100 厘米。茎中空有节，一般秋播节数可达4～11 个。花为穗状花序（图 7-12），穗长 15～30 厘米，抽穗后约 15 天开花，花期为 10 天左右。种子外有芒壳，内颖外有深刻的锯齿，种子千粒重为 1.5～

图 7-12　黑麦草

2 克，全年生长期秋播的长达 250 天左右。

2. 环境条件要求及生物学特性

(1)环境条件要求 黑麦草是比较喜温暖的植物，但耐冻能力较强，5℃时发芽较困难，平均气温在 13℃时播种发芽较良好。幼苗在 8℃以下生长很慢，5℃以下停止生长，在－5℃～－10℃时，叶尖也会出现冻害，但在－16℃时仍可以安全越冬。据在上虞和余姚陆埠高山有机茶园中比较试验的结果，其抗冻能力强于紫云英等豆科作物。在高山地表结冻时，黑麦草并没有受冻，而其他豆科作物却受到轻微的冻害。

黑麦草抗旱能力强。据试验，在红壤茶园中，一般重量含水率为 20%～30%时生长较为良好，低于 15%时将受到旱害而停止生长，但耐旱能力强，在含水率低于 15%长达 10～20 天时，仍不致于死亡，下雨来水后又能恢复生长，并生长更加迅速。一般在年降水量为 500～1 500 毫米的地区，均能生长。据在浙江上虞和余姚有机茶园中试种时，在冬季 70 多天只有 40 毫米降水量的条件下，其成活率仍达80%～90%，仅次于肥田萝卜。

黑麦草对土壤要求不严格，在土壤 pH4.5～7.0 的范围内，都能生长。耐瘠性强，在新垦低丘红壤茶园中也能正常地生长。但对氮素要求高而敏感，增施氮肥产量可成倍增加。它适种的茶园土壤范围广，如生荒地新垦的幼龄茶园，各种台刈改造茶园，原茶粮间作茶园，以及地边、地角、荒地及滩边地、荒坡谷地等都可以种植，并都能取得一定的产量。

(2)养分含量和青肥质量 黑麦草为非豆科作物，植株氮素含量低，磷一般，而钾素含量高。其养分含量呈钾＞氮＞磷的趋势(表 7-35)。就植株来看，根系中的含氮量约为 5～10 克/千克，为地上部的 1/2 或 1/3。根系发达，一般肥力的茶园每 667 平方米鲜根量达1 000～1 500 千克，约为地上部的一半左右。所以，用好黑麦草根茬也十分重要。

表 7-35　黑麦草植株养分含量

物候期	N（克/千克）	P_2O_5（克/千克）	K_2O（克/千克）	资料来源
盛花期(干草)	18.2	3.7	41.3	中国农业科学院土壤肥料研究所
盛花期(干草)	17.6	4.4	34.5	江西省农业科学院土肥研究所
初花期(干草)	20.0	4.8	32.5	中国农业科学院茶叶研究所

3. 改土作用和对茶树生长的影响

黑麦草根系发达，吸收能力强，产量高。据在高山新垦 2 年生幼龄有机茶园中试种结果，在上虞茶园行间间作二行，平均 667 平方米产鲜草2 713.7千克，在余姚陆埠平均每 667 平方米产鲜草1 875.4千克。显然，它属耐瘠高产绿肥作物。根系发达，能从土壤一米深处吸收养分，富集在株体内。在生长过程中，能促使土壤矿物的有效化。因此，茶园间作，并通过埋青后，土壤有效养分提高很多，有机质也明显增加（表 7-36）。但是土壤全氮没有提高，因为它无法从空气中得到氮，而有机茶园也不能施化学氮，所以它不能提高有机茶园土壤的全氮量，只能使土壤养分有效化。

表 7-36　黑麦草对改良高山有机茶园土壤的效果　（张优、吴洵）

处 理	土壤全氮（克/千克）	土壤有机质（克/千克）	土壤有效养分（毫克/千克）		
			N	P_2O_5	K_2O
不间作	0.96	10.4	51	16	75
间作黑麦草	0.96	18.5	90	31	91

黑麦草在茶园间作之后，未发现有与茶树争肥、争光、争水的迹象，因为在茶树生长旺季它已被翻埋。根据在有机茶园中的试种结果，10 月份播种后即使到翌年 5 月下旬翻埋，在春茶测定茶苗生长情况时与对照相接近，而埋青后 5 个半月再去测定茶苗，间作过黑麦草的茶园，无论茶苗高度或树冠幅度，都大于不间作的茶

园，而且长势也比对照要好(表 7-37)。浙江十里坪农场幼龄茶园间作黑麦草，也有类似的结果。

表 7-37　幼龄有机茶园间作黑麦草对茶树生长的影响＊

测定时间	平均树高(厘米)		平均树幅(厘米)	
	间作黑麦草	不间作	间作黑麦草	不间作
5 月 25 日	35	35	15	18
9 月 28 日	40	38	30	25
11 月 5 日	42	39	34	25

＊摘自《有机茶园绿肥品种筛选和推广应用试验工作报告》(2002 年 10 月)

4. 栽培关键技术

黑麦草生长力强，抗旱抗寒，病虫害少，因此其栽培方法也较简单。

(1)播种时间　黑麦草不像豆科绿肥作物，没有硬粒种子，种皮薄，吸水快，用不着作擦种、浸种等处理，可直接下种。一般在长江中下游广大茶区，在 9 月下旬播种较为适时，以后随播种时间的推迟，产量逐步下降。江南部分茶区可迟播，江北茶区可早播。春播也能生长，但产量低，一般只有秋播的 1/2 或 1/3。

(2)播种方法　黑麦草以条播产量高，点播产量低。如与苕子、箭筈豌豆、豌豆等豆科绿肥混种或间种，可提高茶园绿肥种植和改土效果。混播和间播种时，可采用混种撒播，分种条播和混种条播等方式都可以。

(3)施　肥　黑麦草对氮肥反应敏感，播种前要施足有机肥作底肥，入冻时要施足保苗肥，主要施焦泥灰或草木灰增加钾素含量，提高抗寒越冬能力。返青时要施返青肥，主要施含氮高的三元复合肥。“黑麦草施肥料，麦草产量不得了！”这是茶区农民形容黑草施肥的效果。

(4)蹲苗管理　黑麦草春化阶段需要“蹲苗”，目的是促进地下部生长和春化阶段的生化效果。如果气温高，冻前长得太旺盛，则需要在入冻前在麦苗下轻轻踩压，抑制地上部生长，防止入冻前旺长而使入冻后受冻和影响春化阶段的顺利进行。

(5)病虫害防治　黑麦草病虫不多，一般不需要防治。但个别地区和茶园会有锈病、叶枯病、炭疽病及蚜虫。发生严重的，可结合茶园病虫害对症下药，加以防治。

5. 利用方法

黑麦草鲜草的折干率高，盛花期为 27%～30%；纤维素含量高，埋青后分解速度慢。据在茶园中模拟试验，在 5 月下旬的气温条件下，当茶园土壤含水率为 25%时，埋青 15 天后黑麦草干物质减少 50.8%，其分解速度比肥田萝卜稍快，比大多数豆科作物都要慢。由于它适种性广，抗性强，产量高，纤维素含量多，聚集养分能力强，因此它利用很广。作茶园先锋作物种植，可提高土壤有机质，改良土壤理化性质。如浙江省十里坪农场、兰溪上华茶场等，地处低丘红壤腹地，一般茶园土壤理化性质是典型的“天晴一把刀，天雨一团糟”，茶产量低，茶叶味淡，不经泡。在种茶前种植黑麦草后的茶园却不同，理化性质明显改善，许多茶园大多都已成为高产优质的茶园，并生产出高档的名优茶。

黑麦草除作先锋作物种植外，还可在幼龄茶园间作埋青，对春茶当季虽不一定产生明显的良好效果，但对夏、秋茶生长及产量有积极的作用，并持续时间长。2003～2005 年期间，浙江绍兴御茶村、上虞舜龙茶叶公司、武义合众茶叶公司及余姚陆埠里岗茶场等有机茶园引种试种黑麦草，幼龄茶园间作黑麦草，对茶树后发生长有良好作用。但含氮量低的缺陷，可以通过与豆科作物混播来解决，提高它的种植效果。

由于黑麦草纤维素含量高，作茶园土壤覆盖物耐分解，覆盖物保留时间长，效果好。在 5 月中下旬收割作茶园土壤覆盖用，草料可保持到 9 月份，对防止梅草生长、伏天干旱和台风暴雨季节的土壤冲刷等，都有很好的效果。

黑麦草有较强的再生能力，耐台刈，在山坡、低谷地种植，可作绿肥基地种植作饲料，饲料价值也很高（表 7-38）。今后随着有机茶、绿色食品茶和生态茶园的发展，循环农业技术的实施，茶园间作黑麦草作饲料，利用牲口的粪便进行处理后，作茶园肥料是最好的利用方式。

表 7-38 黑麦草的饲料价值＊

项 目	粗蛋白	粗脂肪	粗纤维	灰 分	无氮浸出物
含量（%）	12～14	2.0～3.0	27.0～28.0	4.0～5.0	20～30

＊综合各地资料

三、茶园多年生绿肥作物

（一）爬地木兰

1. 植物学特征

爬地木兰为豆科木兰属多年生草本植物，又称九叶木兰、铺地木兰等。叶为奇数羽状复叶，长 2～7 厘米，无叶柄，一般有 5～11 枚小叶，以九叶居多，故称九叶木兰。托叶膜质，披针形，长约 3 厘米，顶端渐尖，小叶互生，长椭圆斜披针形，长 1～3 厘米，宽 0.5～1 厘米。茎匍匐生长，茎部分枝多，丛状生长，分枝纤细，扁圆略起棱角，上部青绿色带红色，木质化后呈褐色至灰褐色，有“丁”字毛。根系发达，主根生长深，容易木质化。侧根多，有根瘤，根系固土能力强。花为总状花序，腋生，无花梗，花冠红色，长 3 毫米左右。荚果卵状圆柱形，先端尖锐，长 2～3 厘米。种子圆形，灰色，种皮较厚，有硬实性。

2. 环境条件要求及生物学特性

(1)环境条件要求　爬地木兰是南亚热带和热带作物，喜温热天气，一般在20℃～35℃时才能生长，在0℃时叶子会受冻而凋萎，在－3℃～－4℃时就会被冻死。爬地木兰在长江中下游广大茶区一般不能过冬，在闽北无法结果，在闽东南少有种子，但能耐高温，在40℃高温下也能生长。一般为华南茶区及云南南部茶区所种植。

爬地木兰根系发达，抗旱能力强。由于它是铺地生长，对土壤有覆盖保护作用，在干旱时有自我保护作用，所以，在高温、干热的伏天，也能正常生长。一般在土壤含水率为15%～30%的条件下，都能正常生长，无须浇水。但是，在扦插繁殖时需要有较高的含水率，才能发根和生长

爬地木兰对土壤要求不严格，在砂土、黏土和壤土等土壤上都能生长。耐瘠性强，在瘠薄的低丘陵地区，生荒新垦地，荒坡野岭，梯、坎边及茶园零星地角等，都能种植，并正常生长，是很好的山坡绿化、护梯、保坎的重要作物，而且在沙滩上也能生长。

(2)生长习性　铺地木兰生长期长，3月份播种，11月份才结种。在闽东，结荚期正是霜期。一般种子不多。在广东南部及海南等地才能正常结果。它生长快，尤其是7～8月份生长最快，再生能力强，耐刈割，1年生的可刈割2次，2年生以后每年可刈割3次以上。在爬地木兰的生长过程中，老叶不断脱落，新叶不断抽发。在福建东、南部，一般每年到11月份气温下降后，尤其是霜冻时，会形成大量落叶，在土壤上形成厚厚的落叶层。在第三年生长后，这种现象十分明显。人们常常利用爬地木兰的这一生长特性，在行间宽、空间大的茶园中间作，以保护和提高土壤肥力。爬地木兰产量高，一般种子播的第一、第二年，每667平方米间作茶园梯坎边可刈割茎叶250～500千克，两年后可增加到700～1 000千克，第三、第四年后可达到2 000千克以上，其落叶每年可在土壤

上堆积 1～2 厘米厚。落叶层有很好的保土作用。

(3)结瘤特点 爬地木兰无论是种子播种，或是扦插育苗，发根后 1 个月就能见到不同大小的根瘤，因根系庞大，故结瘤数量多。据福建省农业科学院茶叶研究所的调查，一年生的爬地兰当年每株平均结瘤达 43 个。据测定，在盛花期茎叶的肥青含氮(N)量为 5.8～6.2 克/千克，含磷量为 1.0 克/千克，含钾量约为 8.2 克/千克。其植株中约有 2/3 的氮素来自根瘤菌所固定空气中的氮。福州市计量研究所用乙炔还原乙烯法的测定，种过爬地木兰土壤的固氮能力，比没有种过爬地木兰的高 5 倍，共生根瘤菌数比对照高 20 倍，所以其肥效是很高的。

3. 改土效果和对茶树生长的影响

爬地木兰固氮能力强，养分含量高，在梯边种植时护坎效果好。刈割后在茶园直接埋青作肥料，对改善茶园土、肥、水、气情况都有良好作用。据福建研究，当年茶叶可增产 39%。尤其是作土壤覆盖物用，对防止土壤被冲刷，效果尤为明显(表 7-39)。如在茶园行间间作，利用它匍匐生长和生叶、落叶的特性进行生草栽培，对改土肥园也有良好的效果。据福建省农业科学院茶叶研究所的长期研究结果，种爬地木兰的比不种的，无论是土壤有机质、铵态氮、硝态氮以及有效磷、钾含量，都明显提高(表 7-40)。

至于对间作茶园茶树生长的影响，其促进作用也是十分肯定的。据研究，种植爬地木兰的前期，对茶树稍有争肥、争水的现象，从而对茶树生长略有影响。而后几年，由于爬地木兰覆盖物的腐烂和保土作用的逐步发挥，第三、第四年就开始表现增产的作用，比不间作的增产 2.89%。到第五年增产作用尤为明显，间作爬地木兰区的茶树长势兴旺，茶叶嫩绿，一芽二三叶占总芽叶比例大，百芽重量大，茶青产量比不间作的增产 22.19%(表 7-41)，效果十分明显。在南部茶区，进行茶园生草栽培时，爬地木兰是一种重要的首选豆科作物，它对于有机茶园、绿色食品茶园和生态茶园的茶叶生产，具有重要的意义。

表 7-39　爬地木兰绿化梯壁与水土保持的效果

（福建省农业科学院茶叶研究所）

处理	雨水径流量					土壤流失量		硝态氮流失量			
	9月5日（千克/分钟·亩）	9月6日（千克/分钟·亩）	9月13日（千克/分钟·亩）	平均(千克/分钟·亩)	%	9～10月（千克/分钟·亩）	%	9月5日（千克/分钟·亩）	9月6日（千克/分钟·亩）	平均（千克/分钟·亩）	%
梯壁爬地木兰绿化区	26.3	22.1	251.2	100.1	100.0	168.9	100.0	0.0447	0.5026	0.2734	100.0
梯壁无爬地木兰区	30.8	94.5	257.8	127.7	127.5	790.8	468.2	0.4748	1.2891	0.8820	322.6

注：1亩=667平方米

表 7-40 爬地木兰对茶园土壤肥力的影响
（福建省农业科学院茶叶研究所）

处 理	有机质（克/千克）		铵态氮（毫克/千克）		硝态氮（毫克/千克）		速效磷（毫克/千克）		速效钾（毫克/千克）	
	0～20厘米土层	30～40厘米土层	5～15厘米土层	35～45厘米土层	5～15厘米土层	35～45厘米土层	5～15厘米土层	35～45厘米土层	5～15厘米土层	35～45厘米土层
爬地木兰区	17. 1	13. 1	400	100	20	19.5	1.0	1.0	700	50
对照区	14. 1	14. 1	110	20	18	6.5	1.0	1.5	300	50

4. 栽培关键技术

爬地木兰抗性强，对土壤要求不严格，原本又是属野生多年生植物，所以栽培方法简单，繁殖一旦成活便开始生长，一般无需作特殊的管理。

爬地木兰繁殖可采用种子有性繁殖和枝条无性繁殖。在广东、海南等地气温高，结种较多，可采用种子繁殖。台东南和闽东南地区因气温相对要低，结种困难，种子少，可采用枝条进行无性繁殖。

(1)种子直播 在华南茶区，每年 3 月中旬就可播种。在播种前，先把土壤挖松、打细、耙平，然后采用穴播或条播。穴、沟深 15～20 厘米，下施磷肥或有机肥作底肥，肥上盖土 10～15 厘米厚，把种子播在盖土上面，然后再盖一层细土，耙平即可。出苗后可施一次腐熟的稀薄粪水，促进苗期生长。出苗后除草 1～2 次，以后不必作太多的管理，它能自然迅速生长，覆盖梯壁或行间。

(2)苗圃繁殖移栽 爬地木兰也可采用苗圃繁殖幼苗，然后进行移栽。在采用苗圃繁殖幼苗时，选择肥力水平较高、地势平坦、用水方便的地方作畦育苗。畦高 25 厘米左右，宽 0.7～1.2 米，施有机肥加磷肥作底肥，肥上铺细土 5～10 厘米厚，开沟条播，播种时间为 3 月下旬至 4 月下旬，每 667 平方米播种 0.5～0.7 千克，

表 7-41　幼龄茶园间作爬地木兰对茶树生长和茶叶产量的影响

（福建省农业科学院茶叶研究所）

处理	茶树生长				第二年茶芽重				茶青（斤/667 米²）						第五年比第四年提高%
	第一年		第二年		一芽 2、3 叶		对夹 1~2 叶		第三年		第四年		第五年		
	树高（厘米）	修剪枝叶（千克）	树高（厘米）	树宽（厘米）	重量（克）	占总芽叶（%）	重量（克）	占总芽叶（%）	产量	%	产量	%	产量	%	
爬地木兰区	61.0	1.45	139.1	119.1	0.33	61.3	0.19	32.8	160.88	82.7	161.18	102.9	259.43	122.2	61.0
对照区	60.2	1.60	127.9	116.0	0.32	55.3	0.17	40.5	140.13	100.0	156.65	100.0	212.33	100.0	35.5

播后盖土 2～3 厘米厚，并及时浇水。苗高 5～7 厘米时间苗分栽，当幼苗长到 15～20 厘米时就可移栽。移栽时，幼苗根部要多带土，以利于成活。

(3) 插条无性繁殖 在一些气温比较低、种子较少的地区，可采用枝条扦插繁殖。此法简单易行。一般 4～10 月份均可进行，但以 4～6 月份插条为最好，因为此时雨水适中，发根快，生长迅速，成活率高。插穗采用 15 厘米长老茎多杈枝梢，或者采用当年粗壮枝。插穗长以 20 厘米为最好，扦插后成活率可高达 90%以上。一般可采用穴插。穴深 15～20 厘米，插穗入土 2/3，盖土后稍压实，防止漏风。插好后及时浇水。插条抽发新芽后，及时浇施肥水，可以促进生长。梯边、坎边等宜采用插条繁殖种植，这样做简单方便，省工省事。

(4) 防治病虫害 爬地木兰的病虫害不多，主要是在苗期有地蚕、蟋蟀和蚜虫等为害。如不严重一般不必喷药。也可在茶园病虫防治时结合进行适当防治。

(5) 及时切根刈割 爬地木兰根系发达，侧根横向生长，如在茶园行间间作时，2～3 年可布满行间，有可能伸向茶树种植行，与茶树争水、争肥。因此，在种植第二年要在茶树行间种植行外30～35 厘米处切根。进行切根时，可用铁锨垂直深切，切断伸向茶树种植行的横向根。同时，爬地木兰地上部分枝多，在生长旺季匍匐枝也有可能伸向茶行，挤压茶树生长。如发现有挤压茶树的枝条，就必须把它折掉，放在行间作肥料，并及时进行刈割，防止与茶树生长发生矛盾。

5. 利用方法

(1) 作荒山护坡用 爬地木兰抗旱耐瘠，对土壤要求不严，可在荒坡上种植作护坡作物，以防止山坡的水土流失。作护坡种植时要等高条播，穴距为 30～40 厘米，2 年后就会形成绿肥坡，成为绿肥基地。其根茬可固土。在第一、第二年以留为主，第二年以后每年可刈割 2～4 次，作肥料、饲料和覆盖物用。

(2)作坎边护坎种植　梯坎种植爬地木兰后，由于它呈匍匐生长，根系固土能力强，不但可绿化茶园，还可基本解决梯坎的崩塌和水土流失问题。最好将爬地木兰种在梯沿下方 30～45 厘米处，穴距 30～40 厘米，上下两行之间的穴位呈“品”字形排列。头一两年以留为主，一般不割青，两年之后以刈割为主，留根茬保土。割青时，梯高 1.5 米以下的梯壁每年可在 7 月份和 11 月份刈割二次；梯高 1.5 米以上的梯壁，在 11 月份进行一次刈青。割青时留茎 30 厘米左右高，以利其再生。

(3)作幼龄茶园生草栽培　在 1 年生幼龄茶园中间作 2 行，穴距约 5～15 厘米。在生长过程中，要及时对其摘头、清枝和切根，以减少与茶树生长的矛盾，利用它不断生枝和不断落叶等特性，达到生草、覆盖、肥园的目的。5 年后茶园封行，行间郁闭，爬地木兰生长势逐步衰弱，然后衰亡。之后可把它翻埋土中，或不翻埋，让它自行腐烂成肥料。

(二)白三叶草

1. 植物学特征

白三叶草为豆科三叶草属，多年生草本植物。叶为三出掌状复叶，倒卵形，叶柄细长直立，叶中央有“V”形白斑。茎长 30～50 厘米，实心光滑，每节有不定根着土，匍匐生长(图 7-13)。根为细短主根系，侧根发达，主要分布在 0～15 厘米深土层内。叶腋长有花梗，梗端形成总状花序。花较小，约有 20～80 朵小花形成小球，为白色或淡红色。荚果细长，每荚有 3～5 粒种子。种子黄色，心脏形，千粒重为 0.5～0.7 克，硬实率为 20%～40%。

2. 生物学特性及环境条件要求

白三叶草原产于欧洲，喜温凉气候条件，最适生长的气温为 20℃～25℃。高温和低温对它生长都会产生不良影响。较耐阴

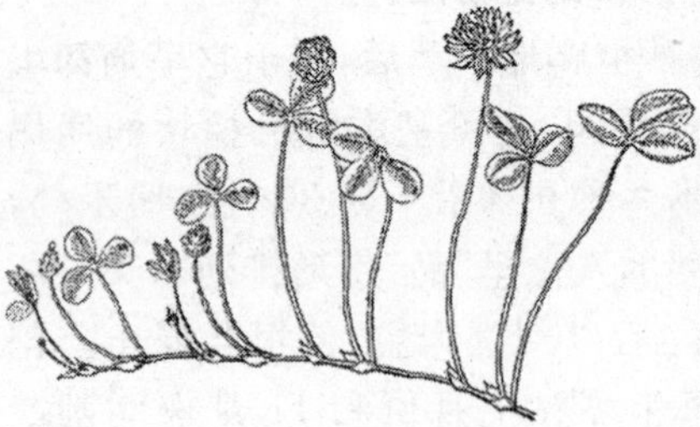

图 7-13 白三叶草

凉，在降水量为 700～1 500 毫米的地方都能生长。对土壤要求不严，在 pH4.5 左右的强酸性土上也能生长，特别适宜南方高山地区夏天阴凉湿润的地方种植。它能以种子自行繁衍，是江北茶区和江南茶区荒山绿化、护梯、保坎的优良植物，也是茶园实行生草栽培时的优选作物之一。它养分含量高。据测定，在生长旺季，它茎叶肥青的含水率达 83.8%，含氮(N)量为 6.2 克/千克，含磷量为 0.5 克/千克，含钾量为 4.0 克/千克。现已被农业部列为向全国推广为果园生草栽培的首选草种。如今，在茶园中尤其是在有机茶园和绿色食品茶园中种植较多，并取得良好的种植效果。

3. 改土效果和对茶树生长的影响

据中国科学院亚热带农业生态研究所及湖南农业大学的研究结果，在亚热带山区丘陵幼龄茶园间作春播白三叶草之后，在每年高温干旱和寒冷季节，其地上部可两次自行枯萎，第二年又复活再生。三年之后，在茶园行间形成 15～20 厘米厚的耐踩踏的三叶草层，从而大大提高土壤有机质含量，与不间作相比，土壤有机质增加 24.11%，土壤容重下降 3.05%，总孔隙度提高 4.39%，土壤全氮含量从 0.87 克/千克提高到 1.04 克/千克，有效氮从 78.67 毫克/千克提高到 108.70 毫克/千克，有效钾含量等也有不同程度的改善。由于茶园间作白三叶草改良了土壤的物理性状，提高了土壤养分供应水平，并促进了蚯蚓的生长，改变了土壤的供水状况，提高水分的利用率，有效地调节了温度，抑制了杂草生长，维护了天敌—害虫的生态平衡，茶树立地环境条件处于良性循环和动态平衡状况，进而促进了茶树生长，改善了茶叶品质，提高了茶叶产量。茶园间作白三叶草后，茶叶感官审评分、氨基酸及水浸出物含量均高于不间作处理。茶多酚和酚氨比则相反，间作白三叶的秋茶＞间作白三叶草的春茶＞不间作的春茶＞不间作的秋茶。其中秋茶品质优于春茶，在实际生产中具有很重要的意义。与不间作茶园相比，到第五年，茶树的树高、树幅、叶层厚度、芽密度、1 芽 1 叶和 1 芽 2 叶百芽重，都有不同程度的提高，产量比不间作的每 667 平方米提高 33.8 千克，增产幅度达 32.65%，增产、提质效果十分明显。

4. 栽培关键技术

白三叶草因种子细小，硬实率高，根瘤种菌专一性强，苗期生长缓慢，在栽培时要抓好种子处理、土地平整、根瘤接种、增施磷肥和保苗促苗等几个关键措施。

种子处理可选用细沙，按 1∶1 种沙比例进行擦种，再用温水浸种数小时，然后用根瘤菌剂接种。由于白三叶草根瘤菌专一性强，并非所有三叶草根瘤菌都能对白三叶草进行侵染，因此最好采用白三叶草根粉进行接种。白三叶草的种子细小，容易落到土壤缝隙的深处，而小苗顶土能力又差，因此播种前必须把土壤耙平耙细后再播种。在耙土前，先以过磷酸钙做底肥，每 667 平方米施 20～30 千克，施深为 15～20 厘米。白三叶草可春播（在 4 月份），也可秋播（在 9 月份）。在幼龄茶园作生草栽培时，以春播为好。小苗出土后，苗小蹲苗时间长，约需 30 天到 40 天。这时最易受杂草危害，要及时除草，防止蚜虫及地老虎等危害。苗期时间长，根瘤形成缓慢。苗期可适当增施稀粪水或 15%的尿素溶液，进行浇灌，促进小苗生长。分枝以后就能进入生长旺期，不需太多的管理措施，栽培比较简单。

5. 利用方法

白三叶草在幼龄茶园中可作生草栽培。几年后茶苗长大，茶园郁闭封行，白三叶草会自生自灭而留下一层厚厚的草层来保护土壤。也可把它翻入土中作有机肥。在茶园坎边、梯边，可将其作护梯草种植来保护梯坎。白三叶草也可作茶区山坡地的护坡草种植，以防止水土流失，绿化山坡，生长后可以放牧牛、羊，也可刈割作家畜饲料。据江苏研究，白三叶草秋播 2～3 年，可刈割 3～4 次，每 667 平方米的鲜草产量可达到 2 000～3 000 千克。山坡种白三叶草也可作留种园收种。秋播的一般 5 月下旬可进入盛花期，6 月份可开始收种，花期可长达 2 个月，结荚期长，要分批分次收种，一般每 667 平方米可收种 10～15 千克。土壤条件良好，可收种 40 多千克，作白三叶草的种子繁育基地。

（三）紫 穗 槐

1. 植物学特征

紫穗槐为多年生豆科木本植物，又称绵槐，属落叶灌木或亚灌木。叶为奇数羽状复叶，互生，复叶由 9～39 片小叶组成，小叶呈矩形或椭圆形，长 1.5～5 厘米，宽 0.6～1.5 厘米，叶量多，约占肥青的 50%～60%。茎丛生或直立簇生，每墩有 20～30 个茎条成一簇。幼茎嫩，呈绿色，老化后茎条光滑有韧性，弯曲能力强，宽 0.5～1.0 厘米，长 1.5～2.5 米，高的可达 4 米长。根系发达，播种后当年可长 50～70 厘米，根幅可扩到 100 多厘米。侧根多细而密，3～5 年生的根深可达 1.5～2.0 米，根幅可扩展到 3～4 米，但 70% 的根分布在 60 厘米深土层内。花穗为总状花序，着生在茎顶上，紫色花（图 7-14）。穗长 7～

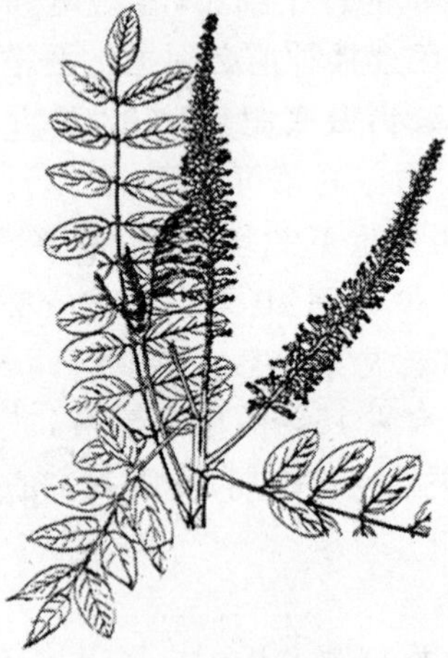

图 7-14　紫穗槐

25 厘米，每穗长有上千个荚果，荚果长0.6～1.0 厘米，每荚一籽。籽粒淡褐色，千粒重约 12 克，种皮坚硬，硬实率极高，达 40%～80%。

2. 环境条件要求及生物学特性

(1)环境条件要求　紫穗槐耐寒性强，在北纬 43°以北的地区仍能生长，在－30℃和短期冻土 100 厘米深，根茎不死，开春后地上受冻的叶子凋落而抽发新梢。随着种植时间的增长，抗寒、抗冻能力相应提高。它也不怕高温，在 35℃的气温下也能生长，所以它适种性很广，江北和华南茶区都可种植。

紫穗槐根系发达，伸长深而广，可以充分利用土壤水分而维持自身生长。因此，它抗旱能力很强，在轻砂质土壤0～50 厘米深的土层内含水率只有 8.3%～9.5%的干旱条件下，100 天不下雨，仍不受旱而能缓慢生长，即使在半荒漠的风沙地区，沙层含水率为 2.5%～3.0%的情况下也未旱死。它又不怕涝，2 年生的植株淹水 295 天，退水后其成活率仍达一半以上。所以，它是干、湿地区都能种植的一种多年性绿肥植物。

紫穗槐对土壤要求无太大的选择性，耐盐性强，在土壤含盐量高达 0.3%的条件下能生长，在 pH 值低于 4.0 的强酸性土上也能生长，而且耐瘦抗瘠薄。中国农业科学院茶叶研究所在 20 世纪 60～70 年代，曾在红壤网纹层的半风化土上用它作扦插，结果成活率高达 75%。90 年代，在兰溪第四纪红黏土风化的生黄筋泥上用它作扦插，成活率高达 90%以上，而且枝条作沙压也能成活，所以它生长能力很强。

(2)生长特点　紫穗槐生长快，耐刈割。当年生苗一年能长 1 米多高，2 年枝条可长到 1.5～2.5 米高，4 年生自然生长的枝条可达 4 米以上，成龄快，产量高。割枝的紫穗槐因多年不断刈割，茎条萌发的芽原基随刈割次数的增加而逐步升高。所以，丛墩不断提高会影响新枝条抽发，从而也会影响其长势和产量。对此，要进行台刈更新使其复壮。一般每隔 8～10 年台刈一次，多次台刈可连续利用 30～40 年。因此，一年种植可多年收益。

(3)结瘤特点及养分含量 紫穗槐根瘤数量多，大部分分布在0～30 厘米的根系上，尤其新根上的数量更多。每次刈割或台刈对根系生长是一种物理刺激，能促进新根的发生和生长，也能促进根瘤的再生和生长。一般种植后 1～2 个月可见根瘤生长，2～3 年的植株每株根瘤数多达 300～400 个，固氮能力极强。据研究，植株中 70%以上的氮是依靠根瘤固氮而来。它含氮量高，据各地分析结果，不同生长时期茎叶干物质的含氮量，一般达 28～44 克/千克，含磷量为 3.5～11 克/千克，含钾量为 9～17 克/千克。但各地土壤条件及刈割季节不同，差异较大。

3. 改土和增产效果

紫穗槐原为北方植物，后逐步南移，在茶区虽有种植，但在茶园作肥料植物应用的历史还不很长。20 世纪 60 年代，中国农业科学院茶叶研究所曾采用紫穗槐叶子进行肥效试验，结果施紫穗槐叶子的茶苗第一年比不施的高出 5～10 厘米，第二年比不施的高出 7～18 厘米，效果十分明显。其他地方未见有应用试验方面的资料。但在其他作物上的增产提质效果试验十分多，与茶树比较接近的是油茶。据浙江省常山油茶研究所的研究，油茶园套种紫穗槐后，油茶长势明显变好，树高比不套种的提高 63%，树冠增加 13.2%，根量增加 200%～300%。单株开花数和结实量也有明显增加，套种紫穗槐的油茶园，花蕾增加 315%，茶果增加 211%。同时油茶的光合强度、叶绿素、新梢总糖量，也分别增加 39.2%，11%和 15%。可见紫穗槐在南方红壤酸性土上的增产效果，是十分明显的。

4. 栽培关键技术

(1)繁　殖 紫穗槐可用种子直播，也可插条繁殖。用种子直播时，种子要事先采用碾、擦破皮处理，水分条件较好的土壤和地区，可作浸种催芽；水分条件差，土壤较干旱的，不宜作浸出催芽，否则会出现干死种而影响出苗率。种子处理好之后，挖直径为15～20厘米、深10厘米的小穴，穴底放细肥土5～7厘米厚，浇足水后下种，每穴播5～10粒种子，盖土后整平。也可采用条播，沟宽15～20厘米，深10厘米，按穴播方法播种，每667平方米播量为0.7～1.0千克。播种时间选择春、夏、秋雨水较多的季节较为适宜。

用插条繁殖时，一般选用当年或2～3年生的树为母本，取粗度为1～1.5厘米、已木质化的健壮老枝条，剪成长25～30厘米长的插穗，将上口切平，下口侧剪成马蹄形，以利吸水发芽。扦插时，要边剪边插，或将插穗在清水中浸泡2～3天后再插，成活率高。插后要浇足水，防旱防冻。如进行秋插，插穗要深插，埋土低于地面。春插时要中插，插穗平地面。夏插时要浅插，插穗高于地面。也可采用苗圃育苗后进行移栽，效果最好。

(2)管　理　种子和插穗发芽后，开始生长慢，要及时除草，防止牲口和人为的踩踏。遇到干旱时，如有水源条件的可进行穴浇或条浇，以促进小苗迅速生长。以后一般无须特别管理。紫穗槐有气味，对某些害虫有一定的驱赶作用，一般情况下病虫不多，不需专门进行病虫害防治。

5. 利用方法

(1)作荒坡、荒地绿化用　紫穗槐生长能力强，抗瘠，耐旱，耐酸又耐涝，是茶区荒山、野岭、沟谷、溪边等地绿化的好树种，当年种植当年成林。作荒山绿化时，一般采用穴插或条插法，成活率高，效果好。

(2)作梯级茶园护坡固土用　在茶园的梯壁、坎边、路边、沟边等种植紫穗槐，可固土，防冲，防塌。作固土防冲护坎用时，也以穴插或条插为好。等高种植，上、下穴成“品”字排列。

(3)作隔离带用　在生产有机茶或绿色食品茶时，或一般茶园与其他作物需要建立隔离带时，可种植紫穗槐，当年种植，当年见效。一般采用种子条播方法种植，条行距 40～50 厘米，株距 25～30 厘米，隔离带宽 8～10 米，不宜剪条，可让其自然生长，可作留种或采叶用。

(4)作肥料 紫穗槐未木质化的幼嫩枝条，可在茶园行间埋青作肥料，也可作行间土壤覆盖物后再翻埋作肥料。作肥料或作茶园土壤覆盖物用时，一般在 5 月中下旬剪枝较为适时，即紫穗槐枝条萌芽生长 35～45 天左右，这时产量高，枝叶质量好。也可采叶作肥料。一般紫穗槐发芽后，随着茎条伸长，叶片分布逐步向上伸延，从基部开始逐渐向上脱落。利用其自然落叶规律，在中、下部叶片尚未变黄，养分含量较高时，可采叶作肥料。如果紫穗槐春季未割青，一般 6 月上旬灌丛下部开始出现黄叶，6 月下旬叶片开始脱落。采叶应在 6 月上中旬进行，把中、下部叶片采下作肥料，保留上部新叶继续生长。春季割一茬枝条的紫穗槐，再生茎条 7 月上中旬在灌丛下部开始出现黄叶，中下旬开始脱落，采叶应在 7 月中旬进行，作茶园伏天的土壤覆盖物或作堆沤肥用。

在第一次采叶后，紫穗槐继续缓慢生长扩展。7 月中旬到 8 月上旬，灌丛中部开始出现黄叶，但此时采叶不利于茎条中、上部木质化的进行。第二次采叶应在 8 月中下旬进行，可作茶园土壤覆盖物用或作堆沤肥用。第三次采叶应在深秋进行。这时紫穗槐基本停止生长，在收割秋条前，将全部叶片采下作茶园的基肥用。

(5)作饲料用 紫穗槐是饲肥兼用的多年生植物，营养成分高。据分析，风干物的粗蛋白质、粗脂肪、粗纤维、无氮浸出物和灰分含量都很高。可与其他饲料混合后喂猪等。因紫穗槐枝叶有异味，单独作饲料牲口不爱吃，要设法加以改进。

(6)作编织及他用 紫穗槐枝条韧性强，耐弯曲，可编成各种装具，如茶筐、茶篓、茶篮等。此外，种子可榨油，可提香精，槐花可放蜂取蜜等。总之，紫穗槐全身都是宝，我国广大茶区应充分利用土地，见缝插针，大力发展多年生绿肥作物紫穗槐，以保护茶区生态环境和提高茶园土壤肥力。

(四)木　豆

1. 植物学特征

木豆属豆科直立小灌木,又名蓉豆、树黄豆等。叶为三出复叶,披针形,中间大两边小,无锯齿,质柔软,底面有毛。茎圆形,分枝多而茂密,分枝开展,茎部木质化后起棱,带棕红色。根为主根系,深1米多,多侧根,根系发达。花为总状花序,蝶形花,花冠黄色带紫色,有细红条纹。荚果扁平,似黄豆荚,故称“树黄豆”(图7-15)。嫩荚青色带黑斑,老化壳硬,干后自行爆荚。每荚有种子3～6粒不等。种子扁圆形,有多种颜色,质坚硬,带光泽,硬实率高,达20%～50%。

图7-15　木　豆

2. 环境条件要求及生物学特性

(1)环境条件要求

木豆属南亚热带和热带植物,最适生长气温为20℃～30℃,在10℃～36℃的气温条件下都能生长,耐高温,但抗寒能力低,霜冻极易受害,有霜冻的地方一般不能过冬。它一般只能在广东、广西、云南、福建和江西、湖南等地南部才可以越冬,为多年生。在江北茶区不能越冬,或不能结种,产量低,一般不适种植。

它抗旱能力强,最适生长的降水量为1 000～2 000毫米,但在降水量为260～2 600毫米的地区也能生长。不耐涝,一旦土壤渍水，其生长就会受阻，时间稍长叶子就会变黄而枯死。

对土壤要求不严，适种性广，只要不渍水，透水性良好的土壤都能种植，尤其适宜酸性土壤，pH 值为 4.0～7.0 的土壤都可以种植。因此，新垦荒地、沟边、坎边、梯边、路边、岸边都可种植，其中红壤、赤红土、砖红壤等是最适宜它生长的土壤。

(2) 生长特点 木豆在3～6 月份均可播种，当年可长到 1.5～3 米高，有很强的再生能力。在海南、滇西南和滇南、粤南等地一年可刈割 3～4 次。通过疏枝，其树形可整理成伞形，在一年生幼龄茶园中有良好的遮荫作用。每年老叶凋落，只留新叶和嫩叶过冬，大量落叶积累形成腐殖质层，留叶可防止冬天寒风，伏夏可遮荫，是茶园很好的间作绿肥作物。在福建、广东、广西、海南和云南等地的新垦茶园，都有广泛种植，有作春播夏绿肥作物利用的，也有作秋播冬绿肥作物利用的，更多的是作多年生绿化和保护梯坎用。

(3) 结瘤特性及肥料质量 木豆根系发达，根瘤菌数量多，个体大。据广东省农业科学院研究，在定植后 62 天，其每株鲜根瘤固氮酶活性达到 464.5 毫微克分子乙烯单位，属高固氮能力绿肥作物的一种，而且一年四季根瘤都很活跃。其根深广，可从土壤深处吸收和富集养分，植株营养成分高。据华南农业科学院等单位的测定，其盛花期鲜肥青的含氮量达 6.0～7.0 克/千克，含磷量达 0.7～1.6 克/千克，含钾量为 3.5～4.5 克/千克，每 1 000 千克肥青约相当于 100 千克豆饼肥料，所以其肥分是十分高的。据广东省湛江试验，木豆是许多夏季绿肥作物和多年生绿肥作物中肥效较高的一种。

3. 对茶树的生长影响及增产效果

茶园种植木豆较多的是广东。据广东茶叶研究所调查，在当地因气温高，日照强烈，没有间作物的 1 年生裸地幼龄茶园，茶苗晒死率很高。当茶园间作木豆之后，茶苗晒死率明显减少，而且茶园茶苗的成活率随木豆间作时间的延长，遮荫效果的增加而提高（表7-42）。由于木豆间作大大提高苗期的成活率，刈青翻埋又可作肥料，为以后茶园高产优质打下良好基础，因此，广东省英德县等地方的一些大型茶场，如红星茶场、华侨农场、英德茶场等新垦幼龄茶园，先后都间作过木豆等绿肥作物，为这些茶场后来的高产优质起到了重要作用。在这些茶园中，春天种，秋天埋，把它当作春播夏绿肥作物种植。在更南的茶区，对木豆也有秋天播种、春夏刈割作土壤覆盖、秋冬翻埋作肥料用的。

表7-42　幼龄茶园间作木豆对茶苗成活率的影响

（广东省农业科学院茶叶研究所）

木豆间作时间	4月上旬至6月中旬	4月上旬至7月中旬	4月上旬至8月中旬	4月上旬至9月中旬	4月上旬至10月中旬
茶苗成活率（%）	54.6	57.1	65.2	73.4	76.9

4. 栽培关键技术

木豆抗旱能力强，耐瘠耐酸，对土壤要求不严格，所以容易栽培，而且管理简单。但由于种子硬实，所以播种前要作擦、浸等处理，以提早发芽和提高发芽率。其根瘤接种，一般采用木豆根茬粉拌种方式完成。磷肥和钼肥可提高其结瘤率。一般采用磷肥作底肥，钼肥拌种。每667平方米施20～30千克过磷酸钙作底肥，用0.2%钼酸铵浸种，可获得较好的效果。

播种时间因地而异。在江南茶区茶园作夏绿肥用的，于4月上中旬播种。因有早霜危害，故早播有利于高产。在南亚热带地区，于3月上中旬可播种。在热带地区，如海南和云南的西双版纳、潞西等地作多年生绿肥作物用的，一般全年都可以种植。

木豆的播种密度要因地制宜。在长江中下游广大茶区作夏绿肥，或低丘红壤地区作茶园遮荫用的，要稀播，以穴播为宜，可采用穴距30～40厘米不等，1年生幼龄茶园播两行，2年生幼龄茶园播

1行,3年生幼龄茶园一般不宜间作木豆。作坡地绿化和梯边、坎边保土用时可穴播,以"品"字形密播为宜,株距可缩小到20～25厘米。在绿肥基地里种植的可采用条播。

在茶园间作的,要及时做到"三要":一要及时疏枝,防止低位枝影响茶苗生长;二要及时切根,防止侧根向茶行方向发展,影响茶树生长;三要及时刈割利用,争取高产优质。

苗期约有20～40天的蹲苗期,气温越高的茶区蹲苗期越短,气温越低的茶区蹲苗期越长。在蹲苗期要加强苗期管理。第一是除草,防止当地优势杂草对它的危害;第二是防蚜虫,苗期蚜虫多,要及时防治;第三是促苗,可用稀薄腐熟粪水浇施,促进苗期生长。

蹲苗过后,分枝展开,生长迅速,一般不必作过多过细的管理。只要防止雨季土壤积水,就能快速生长。

木豆病虫害不多。苗期主要有蚜虫,生长盛期主要有介壳虫,花期主要有豆芫菁,结荚期主要有豆荚螟。如发生情况不严重,则不必防治。但要注意虫情发展,如危及产量则仍然要防治。

5. 利用方法

木豆经济价值很高,是一种一物多用的植物。在1～2年生幼龄茶园间作木豆,可作遮荫用,刈割的嫩枝可作茶园覆盖物,也可直接埋青作肥料,还可作堆、沤肥原料。木豆也是很好的饲料、杂粮及菜肴。在梯边、坎边、坡地、荒山及茶园边角地种植,可取其枝叶作茶园肥料、土壤覆盖草料及动物饲料。据测定,其带荚的枝叶水分含量约为70%,灰分含量约为2.64%,粗蛋白质含量约为7.11%,粗脂肪含量约为1.65%,粗纤维含量约为10.74%,作饲料营养价值高。

在热带和南亚热带地区,由于它是常绿多年生植物,可用来绿化荒山,也可作有机茶园和绿色食品茶园的隔离带,还可作种茶前的先锋作物熟化新垦地。它是热带和南亚热带地区茶叶生产企业绿肥基地的优选绿肥作物之一。

（五）肿柄菊

1. 植物学特征

肿柄菊又名金光菊、臭菊等，属菊科肿柄菊属，为1年生或多年生灌木型草本植物。叶为单叶互生，呈掌状，长20～30厘米，有长柄，每张叶有3～5个裂口，叶缘有锯齿。茎圆形，幼嫩时有白毛。茎粗1.5～3.0厘米，茎、叶内有白色汁液。株高一年生可达1.5～3.5米。根为主根系，粗大而深广，主根深可达1米以下，侧根发达，根幅为50～70厘米。花为头状花序，花形像小向日葵，宽5～10厘米，黄色（图7-16）。果为瘦果，长椭圆形，长3～4毫米，扁平似箭状，黑褐色，千粒重4～6克。

图7-16　肿柄菊

2. 环境条件要求及生物学特性

(1)环境条件要求　肿柄菊原产于墨西哥等地，属热带和南亚热带植物，种子在15℃温度下才能发芽，最适生长温度在25℃～35℃之间，抗寒能力低，不耐霜冻，打霜之后会落叶。一般－6℃～－8℃时就会全株冻死，在－2℃～－5℃时可勉强越冬，但有花无果。因此，主要是在华南茶区及长江中下游的南部茶区种植，江北茶区一般不适种。

肿柄菊根系发达，抗旱性比较强。但叶片大，植株木质化程度低，生长过程植株的蒸腾作用强，需水多，干旱会严重影响它的生长。它不耐涝，当土壤田间持水量达到100%时，只要4～5天，叶片就会变黄，7～10天后就会全株死亡。

对土壤要求不严，抗瘠性强，在酸、黏、砂土上都能种植，在山坡的梯边、坎边也能良好生长。它对氮肥敏感，增产效果好。它有很强的聚钾能力，在有效钾低的土壤上也能吸收较多难溶性的矿物性钾，在株体内进行富集，是一种富钾能力很强的植物。

(2)生长表现 肿柄菊在闽东地区4月份播种，当年一般可长到1.5米高，在闽南可长到2.0米高，在广东可长到2.5米高，在云南勐海可长到3.0米以上。在热带为多年生植物，在长江中、下游，如江浙一带为一年生植物。一般幼苗生长缓慢，一个月之后才开始分枝，以后逐步进入快速生长期，100天后可开始刈割。有较强的再生能力，一年可刈割2～3次，667平方米产青肥可达1 500～3 000千克不等。据云南省农业科学院茶叶研究所调查，当地一年可刈割4次，每667平方米青肥产量一般可达5 000千克左右，属高产型非豆科绿肥作物。结实习性各地不一。江北不能结实。福建南部地区一般在10月份现蕾，11月上旬始花，翌年2月份才终花，从开花到结实需25～30天，有不断开花不断结实的习性，一株可结50～100朵花盘。在云南，12月份到翌年1月份可收种。在华南热带地区，经多次刈割的株体，4～5年后生机逐步衰退，需进行台刈复壮，恢复生机。

3. 青草质量及增产效果

肿柄菊茎叶质地柔软，木质化程度低，肥青质量好。据云南省农业科学院茶叶研究所对当地所种肿柄菊的分析，其肥青含氮量达4.0克/千克。据福建省农业科学院茶叶研究所对当地种所植肿柄菊的根、茎、叶的分析结果，其风干物的含氮量分别为5.3克/千克，5.1克/千克和29.0克/千克，含磷量分别为3.7克/千克，9.6克/千克和10.8克/千克；含钾量分别为33.7克/千克，45.0

克/千克和50.0克/千克。可见它是一种含钾量很高的植物。

据福建省农业科学院茶叶研究所试验，将梯边种植的肿柄菊作茶园绿肥施用后，与不施的对比，增产41.9%。而浙江金华、绍兴和杭州，以及云南等省的茶园，也先后种过肿柄菊，增产效果也十分明显，一般比不间作的可增产5%～35%。因此，茶农对茶园肿柄菊绿肥使茶叶增产的效果，都给以充分的肯定。

4. 栽培关键技术

肿柄菊抗瘠性较强，繁殖、种植及栽培管理都十分简单。繁殖可以采用种子直播或枝条扦插。采用种子繁殖时，因种子小，为防漏入土缝中，要先耙土做畦，畦宽1～1.5米，高15～30厘米。不宜积水。可适当用一些有机肥或磷肥作底肥，在长江中下游广大茶区，于4月份后气温达到20℃～25℃时播种。播种时以条播为好，条距20厘米，播幅5～10厘米，播种后盖细土或焦泥灰1～1.5厘米厚，以待发芽。

如采用扦插繁殖，也要做畦，以防积水。先选好排灌方便、土质肥力中等的砂壤土，经深耕细耙后，整理成宽1米、高10～20厘米的畦地，选越年生老枝条或茎基部粗壮的枝条，剪成长约15厘米、带3～4个腋芽的插条，下端成斜形，上端为平齐，下端浸入1%过磷酸钙溶液，24小时后取出扦插，将2/3的枝条斜插入土，插后盖上一层焦泥灰，使插穗露出1～2个腋芽。每667平方米苗圃可扦插5万条左右。扦插一年四季都可进行，但以3～5月份扦插成活率最高。育苗期间，苗床要保持湿润，旱季要常浇水。一般插后10～20天长根，40天当苗高15～20厘米，并有7～8片真叶时便可移栽。无论是种子繁殖还是扦插繁殖的苗，移栽时都要先浇水后起苗，多带土，早种植。

肿柄菊苗期生长缓慢，有20～30多天的蹲苗期。苗期要加强杂草防治，并浇施稀薄的粪水，以促进生长。移栽成活后，一般没有太多的田间管理工作要做。

肿柄菊病虫害很少。它有一种异味，对某些害虫有驱赶作用，一般无须特别治虫。

5. 利用方法

肿柄菊利用价值很高，是一种一物多用的绿肥。可作茶园先锋作物种植，可用来绿化茶园周边山坡，也可作护梯保坎种植，还可作有机茶园隔离带种植。由于它能挥发出一种异味，可在茶园地边、地角及渠、溪、河、沟边等地种植，用来驱赶害虫，或者用其茎叶制成驱赶性堆肥等。

它是多年性植物，植株高大，又不易整理树形，一般不能在幼龄茶园间作。在绿肥基地及梯坎上种植，取其茎叶作茶园肥料时，随时都可以刈割利用，一般不受季节限制。当株高长到1米左右时即可以刈割，但对当年种植的植株一般都是刈割1次或不刈割，而第二年以后一年可刈割3～4次。刈割时留茬20～30厘米。留茬过高，达80厘米的，会出现多芽多枝现象，枝条短细或抽不出粗枝条，对产量不利。由于它是非豆科绿肥，无固氮能力，因此对氮肥反应敏感，增产效果好。每次割青后，有条件的可适当进行追肥，如尿素、有机肥或复合肥均可。它不能作饲料，因为它虽然无毒，但有异味，牲口不爱吃。

肿柄菊经过5～6年刈割之后，要进行台刈改良，恢复其生机。通常做法是，冬季把老株地上部的粗老茎平地全部砍去，留下根茬及根茎，同时进行追肥、松土和培土等管理工作，使第二年从根部或根茎部重新抽发新枝，便可进入新一轮的生长。

(六)知 风 草

1. 植物学特征

知风草为沙草科多年生草本植物，又名随风倒、青管草。叶为单叶，细而长，长60～100厘米，宽0.3～0.5厘米，叶梢长17～20厘米，叶色翠绿(图7-17)。茎中空，茎圆，茎径为0.2～0.5厘米，黄绿色至褐色。茎高70～160厘米，茎基部有分枝，有须根成密集形簇生。根为须根系，分布浅，一般在20～30厘米土层内，根量多，密集型，固土能力极强。穗状花序，穗形小，长在茎顶上，呈绿色，花穗长25～30厘米，花细小，呈X型。种子极小，呈黄色，长圆形，种脐有黑点，每个小穗结种2～6粒，千粒重只有0.2～0.3克。

图7-17　知风草

2. 环境条件要求及生物学特性

(1)外界条件要求　知风草耐寒能力一般，种子在15℃～20℃时可发芽，25℃～30℃时最适生长，在-10℃时会受冻而使地上部枯死。但能耐高温，在35℃～49℃高温时不焦叶，并能正常生长，不过生长很缓慢。一般在长江中下游广大茶区及西南和华南茶区，均可种植。

知风草根系虽浅，但抗旱能力强，干旱季节在土壤含水量为10%～15%的梯边和坎边，都能正常生长。当雨季土壤含水量提高到20%～30%时生长最好。但稍怕湿害，涝地不易生长，并会逐步死亡。它有气生根，能从空气中吸收水分保持生长。当土壤十分干旱，但空气湿度大时，它依然能存活而不旱死。

知风草对土壤要求不严格，在砂、黏、壤质土上都能生长，耐酸性强，抗贫瘠能力极强，在一般杂草难以生长的荒杂地，它也能生长。它常常成为低丘生荒土和荒山野岭的优势草种。

(2)生长特点　知风草发芽早，生长快，在闽南一带的茶园梯沿、坎边上种植时，每年2月底或3月初萌芽生长，3月下旬分生花穗，4 月上旬开花，6 月上旬种子陆续成熟，植株以 5～9 月份生长最快，生长期达 250～300 余天。

它植株分生能力强，分株移栽后，能很快成活转青。据福建省农业科学院茶叶研究所测定，一般分株移栽成活率达 70％～80％以上，茎叶生长速度快，以 5 月 30 日分株移栽为例，栽后 2 天，长高 1～2 厘米；栽后 31 天，长高 58.6～67.7 厘米，平均每天长高 1.9～2.2 厘米；当年长高 101～102.3 厘米。在闽东南茶区，一年可刈青 3 次，刈青后第二天即能长高 2～3 厘米。第一次 5 月 30 日割青，割前高度为 109.2 厘米；割后一月，长高 75.8 厘米，平均每天长高 2.53 厘米。第二次 7 月 30 日割青，割后一个月长高 73.3 厘米，平均每天长高 2.44 厘米。第三次 12 月 1 日割青，割后未遇霜冻，植株仍能很好生长，冬季能安全越冬。不割青的植株叶子易枯黄，反有害生育。这对于绿化梯壁极为有利。

经测定，每丛知风草每年可割收鲜茎叶 2.5～3.5 千克，每米梯沿种植 2 丛，可收鲜茎 5～7 千克，折算每 667 平方米茶园梯沿可割青 1 000 千克，能供 333.5 平方米（0.5 亩）茶园作覆盖材料。在 5 月份 7 月份就地割青两次，于夏、秋季干旱来临前割青，覆盖茶园行间土表，省工省本，可多年利用，对解决缺少草料问题，起到积极的作用，同时对于茶园防旱、保水和防治杂草，以及促进茶树生长，也有重要作用。这对于从事有机茶生产的茶园尤为重要。

3. 青草质量及效果表现

知风草茎叶富含有氮、磷、钾与有机质。经测定，干茎叶中含氮 12.2 克/千克，含磷 2.8 克/千克，含钾 6.9 克/千克，纤维素含量高，改土效果好。草料来源于茶园周边，随时可就地割取鲜茎叶直埋茶园，因茎叶幼嫩柔软，一般埋施土中半年左右即能腐烂产生肥效，成为良好有机肥。但是，其主要的作用还是保梯护坎和改善生态环境。

梯沿与梯壁种植知风草后，由于知风草根系密集固土，茎叶柔软，被覆梯坎与梯壁，对保梯、护坎起到良好作用。据福建省茶叶研究所观察和测定，没有知风草绿化的梯层，三年土埂被侵蚀冲刷下降 6.9 厘米，土壁裂沟明显，局部崩塌，茶树外移等。在有知风草绿化的情况下，土埂与土壁基本上保护良好，土埂基本没有下降。另外，梯沿与梯壁在裸露情况下，夏秋季茶期间辐射热很高，对茶树生长影响很大，特别是西向茶园梯壁，在没有绿化的情况下太阳辐射热更高，下午 3 时 30 分钟，气温 35℃时，梯壁表面平均温度达 43.3℃，高的达 49℃，靠梯壁边行的茶树，叶片灼伤严重。经种知风草绿化的梯壁表面温度只有 31℃，比不绿化的低 12.3℃，降温作用明显。一般在坡度角为 15°～30°的梯级茶园，梯壁面积约占茶园总面积的 10%～25%，这部分面积如种上知风草进行绿化，对改善茶园生态环境会起到良好的作用。

4. 繁育和栽培关键技术

知风草种子虽小，但生命力极强。它种子多，分生分株能力也特强，因此，种子繁殖与分株繁殖均可收到良好效果。

采用种子繁殖时，可采取种子直播与育苗移栽。种子直播的，因种子细小，播种深度要掌握适当。播深了，不易出土，发芽率低；播浅了，易缺水干旱，发芽率也不高。因此，应尽可能利用 3～6 月份多雨季节，在土壤湿度大时进行挖浅穴点播。其方法是，在梯沿与壁上挖穴，穴深 2～3 厘米，穴距 30～40 厘米，每穴播种子 20 至 30 粒，用薄土覆盖种子。7～10 月份常有间歇性旱期，以采取育苗后移栽较好。苗地土块要充分打碎整平，畦宽 1 米左右，高 20～30 厘米，种子均匀撒播畦面，再用土灰盖种，并薄盖草料，约一周左右即能发芽生长，一个月后即能移苗上山定植。移栽时，可采用穴栽，穴深 9～12 厘米，穴距 30～40 厘米，每穴植苗 4～5 株，栽后土壤要压紧并浇水。

知风草也可进行分株繁殖。因知风草分生能力强，当茎节接触土壤时又能长出新植株，可起到自然分株作用，而且繁殖率很高。

当年春天种 1 株，一年内可发展至 100 余株。如雨水多，则转青成活快。分株繁殖方法简单，从老丛根颈处挖取一部分植株，再分成 3～4 株为 1 束，按上述穴距要求进行挖穴定植，一般分株定植后2～3 天，即能成活，5 天后即能分生生长，每天长高 2～3 厘米。这种分生性能与生长速度，其他作物是少有的。但分株必须在水分条件较好的情况下进行，并且要带根分株，否则分株会失败。

知风草栽培管理要求不很严格，不论种子直播，育苗移栽，还是分株定植等，挖穴时施一些有机肥、肥土或土灰等作基肥，更能促进植株生长，提高茎叶产量。一般没有病虫害，不必专门进行病虫防治。

5. 利用方法

知风草主要是用于护梯、保坎和改善茶园生态条件，通过对知风草的刈割，将青草作茶园土壤覆盖物、直接埋青或作堆沤肥均可。就地取材，时用时割，不受时间限制。青草也可作动物饲料，尤其是牛、羊等最喜欢吃，可割青饲喂，也可放牧喂养。

为探求茶园梯壁绿化结构如何更加合理的问题，近年来不少单位还进行了梯沿种知风草，梯壁种爬地木兰的品种搭配，试验取得良好结果。这比单种知风草或爬地木兰绿化的效果更好。知风草茎叶向上披展，爬地木兰茎叶匍匐梯壁生长，豆科与非豆科配合，取长补短，发挥绿肥与草料的双重作用，梯层梯壁更加牢固美观。除了梯沿梯壁大力种植外，还可在路边、沟边与周围坡地上扩大种植。在茶园梯边、坎边种知风草时，及时刈割十分重要。非专门留种地，不能让知风草结子，因种子细小，繁殖系数高，种子生命力强，让风吹进茶园行间常常会变成优势杂草。所以，必须在结子前及时刈割，防止种子让风吹进茶园变益为害。

知风草是多年生植物，繁殖系数高，生命力强，在茶园中多年不死，一般不宜作幼龄茶园及台刈改造茶园的间作物。

(七)百 喜 草

1. 植物学特征

图 7-18　百喜草

百喜草为禾本科雀稗属多年生草本植物,又名巴哈雀稗。叶为平行脉叶,细长,宽 0.2～0.5 厘米,长 15～30 厘米,从根颈和茎节上生长(图 7-18)。茎为匍匐平地行走茎,粗壮,木质化程度高,节多,延长生长后呈辫子状,每节有短小不定根密扎结土,边生长边在地面匍匐爬行,向四周蔓延生长,自然生长草层可达 30～40 厘米厚,每株形成圆盘形丛株。一般每株有 10～38 条根,大部分根分布在30～40 厘米表土层,固土能力极强。花为总状花序,穗高 60～70 厘米。种子细小,包有颖壳,种皮光滑坚硬,蜡质层厚,硬实率达 30%～50%。

2. 生物学特性及环境条件要求

百喜草原产于南美洲,喜温暖、湿润的气候条件,在年降水量 1 000 毫米以上、平均气温在 15℃～25℃的地区都能生长。对土壤条件要求不严,耐酸性强,在 pH4.0～6.0 的酸性土上生长良好。耐旱耐瘠,在红壤坡地、新垦瘠地、坎边、梯边、地边也能生长。它也能耐淹水,在低洼的渍地积水数十天也不会死亡,其抗性比一般禾本科绿肥作物要强。

百喜草的生物学特性有许多优点。它再生能力强,生长快,耐刈割,产量高,繁殖能力强,抗病抗虫,是茶园、果园和桑园等实行生草栽培的重要草种之一。

3. 改土效果和对茶树生长的影响

据福建省武夷山市农业局土肥站的研究，百喜草是一种很好的护坡、保坎植物，不仅可作护梯、保坎用，而且可间作在幼龄茶园中作生草栽培，对保持水土，改善茶园生态环境，都有良好作用。据观察，幼龄茶园套、间作百喜草之后，在盛夏时地表温度比没有间作的露地，上午 8 时平均下降 2.11℃，下午 2 时平均下降 6.41℃，而且白天温差变化缩小约一半，能缓解盛夏地温激变对茶树生长的不良影响。

茶园间作百喜草，对地表以下 20 厘米处的温度变化也有保护和缓和作用，这对盛夏的保水和促进根系生长都有重要作用。如在没有种百喜草的露地0～20 厘米土层，土壤含水率为 30.01%，而种百喜草的为 32.85%，提高 2.81%。它不仅没有与茶树发生争水现象，反而起到保水作用。而且，由于百喜草的根系活动，促进土壤熟化，加速土壤矿物风化，使土壤有效养分含量都有不同程度的增加(表 7-43)，从而提高土壤肥力水平。

表 7-43　茶园间作百喜草后土壤有效养分含量变化　(祝金虹)

项　目	有效氮 (毫克/千克)	有效磷 (毫克/千克)	有效钾 (毫克/千克)
对　照	58.00	10.40	27.00
间作百喜草	60.05	55.32	27.38

4. 栽培关键技术

百喜草种子小，蜡质层厚，吸水慢，吸胀能力差，播种出苗是一个大难关。一般在坡地、新垦荒地、梯边、坎边及地角，采用种子直播的失败者多，成功者少。生产实践表明，一定要先育苗后移栽才能成功。对于水肥条件较好的幼龄茶园、台刈改造茶园及稀疏老茶园，间作百喜草可采用种子直播种植。

(1)育苗繁殖　育苗繁殖可采用种子育苗，也可采用枝条无性繁殖。

①种子育苗

选地：在水肥管理方便，无畜、禽、人影响的地方，选择平整肥沃园田地一块，施有机肥或复合肥，深翻后耙细耙平表层土壤，做成高20～25厘米、宽100～120厘米的育苗畦。畦的质量直接影响小苗出土及生长，应力求高质量。

种子处理：因种子蜡质层厚，需要作浸、擦处理才能发芽。一般采用1份种子加5份细沙作轻擦处理，去掉颖壳和擦破蜡质层，然后用温水浸泡，湿胀后可下种。

播种时间和方法：在长江中下游广大茶区，4月初之后全年都可播种，但一般以4月中下旬为宜。播种时，畦面必须保持湿润，以条播为好，条幅距25～30厘米。也可撒播，但不易均匀。播种后，用焦泥灰盖种，厚1～2厘米。以后保持畦田土壤含水量为25%～30%，约8～15天后可发芽。

管理：苗期生长不快，要防止杂草生长，防止麻雀及病虫危害，要加强管理，40～60天后可带土起苗移栽。

②枝条无性育苗

选地：按种子育苗方法选好地，施好肥，翻好土，做好畦待用。

扦插：取百喜草木质化程度中等的匍匐茎，按10厘米长为一段，剪成插穗。边剪边插。扦插时，应压实土层，防止漏风，插后及时浇水。扦插密度以20厘米×30厘米为宜，每667平方米可插6 000～8 000株。扦插时间，春、夏、秋三季都可安排，以春插成活率最高。扦插后，在雨季要搞好中耕除草工作，并适当施含氮高的有机肥等。

(2)定植移栽　在坡地茶园移栽百喜草苗，以在雨季6月份以前进行为好，成活率可达95%以上。具体方法是：先翻耕整地，并在移栽前7天用10%草甘膦150～200克，对水50升，喷洒地面，消灭杂草。7～10天后，可移栽草苗。移栽时，每667平方米穴施钙镁磷肥 25 千克、焦泥灰 500 千克。移栽到坡地茶园的，在茶行基部外满坡种植，以密植为主。栽后浇水 2～3 次，成活后及时中耕，除草，施肥。

百喜草栽培以后，前 2 个月的管理至关重要。后期管理简便省工，主要是及时刈草、施肥。少量的氮肥（每 667 平方米施 15～20 千克尿素），可促进分蘖的数量及芽点的发生速度。一般每 667 平方米可产青草 2 500～4 000 千克，即可达到以氮促草，以草改土，以土肥茶的目的。

(3) 种子直播　水肥条件良好，茶园较平整的，可采用种子直播。在直播时，茶行要先施有机肥，每 667 平方米施 500～1 000 千克堆沤肥，然后松土，平整，打碎土块和耙细整平。种子要按种子育苗法进行处理后下种。下种后浇水，使行间湿润，覆盖细土或焦泥灰 1～2 厘米厚，以待发芽。发芽后要加强除草和保苗工作。出苗 40 天后，就可以快速生长。苗期以后，管理十分简单，无须作太多的管理就能长大，生产草料。

直播时间以春天为好。播种密度按茶行空间而定，因地制宜，以不妨碍茶树生长为原则。

5. 利用方法

(1) 作水土保持的护坡草　百喜草因耐阴性强，匍匐而行，节节扎土，紧贴土壤，固土能力强，可作茶区坡度角 30°以上非茶坡地种植，上面长树，下面长草，形成立体生态，护坡效果极好。据我国台湾省有关资料，坡面种植百喜草之后，地表径流速度明显减缓，没有间作百喜草的坡地径流量比间作的高 5～10 倍，水土流失量高 10～15 倍，对防止水土流失起到良好作用。

(2) 作茶园生草栽培用　百喜草很耐阴。幼龄茶园间作百喜草，几个月之后行间土壤被百喜草所覆盖，可疏松土壤，提高土壤肥力，改善茶园生态环境，协调土、肥、水、气、热关系，形成上有茶树、下有草的生态茶园，达到以草除草，以草代耕的目的，百喜草是茶园生草栽培的最好草种之一。

(3)作肥料或饲料　在坡地上或坎边、梯边、地角、沟边等处种植百喜草,可刈割生草作茶园肥料或覆盖物,也可作饲料用。其嫩草质优,可口,家畜、家禽及塘鱼等,都十分爱吃,是优质饲料之一。当然,也可作堆、沤肥的材料,与农家肥一起进行堆沤,形成腐熟的有机肥,作茶园基肥或追肥施用。

肉鸡饲养员培训教材　8.00元
蛋鸭饲养员培训教材　7.00元
肉鸭饲养员培训教材　8.00元
养蚕工培训教材　9.00元
养蜂工培训教材　9.00元
怎样提高养肉羊效益　10.00元
怎样提高养长毛兔效益　10.00元
怎样提高养蛋鸡效益　12.00元
怎样提高养鹅效益　6.00元
怎样提高养奶牛效益　11.00元
怎样提高养肉鸡效益　12.00元
怎样提高养獭兔效益　8.00元
怎样提高养鸭效益　6.00元
怎样提高养猪效益　11.00元
怎样提高养狐效益　13.00元
怎样提高养貉效益　11.00元
怎样提高养水貂效益　11.00元
怎样提高大豆种植效益　10.00元
怎样提高玉米种植效益　10.00元
怎样提高苹果栽培效益　13.00元
怎样提高梨栽培效益　7.00元
怎样提高桃栽培效益　11.00元
怎样提高猕猴桃栽培效益　10.00元
怎样提高甜樱桃栽培效益　11.00元
怎样提高枣栽培效益　10.00元
怎样提高山楂栽培效益　12.00元
怎样提高板栗栽培效益　9.00元
怎样提高核桃栽培效益　11.00元
怎样提高葡萄栽培效益　12.00元
怎样提高龙眼栽培效益　7.50元
怎样提高杧果栽培效益　7.00元
怎样提高番茄种植效益　8.00元
怎样提高辣椒种植效益　8.00元
怎样提高大白菜种植效益　7.00元
怎样提高马铃薯种植效益　8.00元
怎样提高黄瓜种植效益　7.00元
怎样提高茄子种植效益　10.00元
怎样提高甘蓝花椰菜种植效益　9.00元
怎样提高甜瓜种植效益　9.00元
怎样提高种西瓜效益　8.00元
怎样提高蘑菇种植效益　9.00元
怎样提高香菇种植效益　12.00元
柿病虫害及防治原色图册　12.00元
辣椒病虫害及防治原色图册　13.00元
番茄病虫害及防治原色图册　13.00元
茄子病虫害及防治原色图册　13.00元
棉花病虫害及防治原色图册　13.00元
玉米病虫害及防治原色